U0622120

打造大脑的八十一个维度

暴文明　著

吉林文史出版社

图书在版编目（CIP）数据

打造大脑的八十一个维度 / 暴文明著 . -- 长春：
吉林文史出版社 , 2018.12
　ISBN 978-7-5472-5713-5

　Ⅰ . ①打… Ⅱ . ①暴… Ⅲ . ①智力开发 Ⅳ .
① B848.5

中国版本图书馆 CIP 数据核字 (2018) 第 266327 号

DAZAO DANAO DE BASHIYIGE WEIDU

打造大脑的八十一个维度

著　　者：暴文明

责任编辑：程　明

出版发行：吉林文史出版社（长春市人民大街4646号）

印　　刷：吉林东曼印务有限责任公司

开　　本：170mm×240mm 1/16

印　　张：6.5

字　　数：100千字

版　　次：2018年12月第1版

印　　次：2018年12月第1次印刷

书　　号：ISBN 978-7-5472-5713-5

定　　价：38.00元

序　言

2014年，我的《〈道德经〉的模块记忆法》一书出版了。这本书阐释了什么是模块记忆法、如何用模块记忆法记忆《道德经》。可以说模块记忆法是手段，《道德经》的记忆是目的。而出版本书《打造大脑的八十一个维度》，记忆《道德经》是手段，打造大脑的多向思维是目的。

人们常说：一心不可二用。然而，对于一个决策者，又需要其具备运筹帷幄之中决胜千里之外的能力，需要其几乎同时审视来自多个方向的因素，以此做出判断和决策，因此实际上是需要人具有一心多用的能力。特别是随着大数据时代的到来，在现实生活中具备一心多用能力已是对一般社会人的基本要求。

什么是模块记忆法？按照日本产业经济学者青木昌彦的观点，最早有关模块化的论述可以上溯到亚当·斯密，模块化最原始的形式就是分工，将这种企业层面的分工构想扩展到产业组织的领域，就是产业组织模块化的最简单的理解。青木昌彦给："模块"下的定义是："模块"

是指半自律性的子系统，通过和其他同样的子系统按照一定规则相互联系而构成的更加复杂的系统或过程。"模块化"则是按照某种规则，一个复杂的系统或过程和若干能够独立设计的半自律的子系统的过程相互整合或分解的过程。其中的分解过程叫"模块的分解化"，整合过程叫"模块的集中化"。按照这个理论，本书将《道德经》共八十一章分为九个模块，每个模块含九章，每个模块按数字九宫格形成独立的子记忆系统。在每个模块中，将九章内容按道家的九宫方位理论分置九个方位上，便于记忆参照。也便于模块间建立记忆链接。模块之间由每个模块的中宫章建立主链接，也可通过其他方位章建立链接。最后，将九个模块整合，形成模块集中化，最终形成《道德经》的完整记忆系统。

本书中，模块记忆是中间桥梁，通过这个桥梁达到使人具备快速反应《道德经》八十一个独立章节的能力。

那么，大脑的维度是怎么区分的呢？以《道德经》为例，按照传统的记忆方法，也可以将《道德经》所含八十一章背诵下来，但这是按照一而后二，二而后三，直至八十一章的一种顺序记忆的。我们称之为一维，把这种大脑记忆方式的维度称之为一个维度。这种记忆方式的弱点是很难马上立即说出中间某个章的内容。道德经的模块记忆法，给出的是一个结构式记忆法，利用这种方式几乎达到同时记忆八十一章中任一章节的目的。亦即达到了从八十一个方向同时考虑问题的目的。我们称这种大脑的思维方式具有八十一个维度。

本书不仅以《道德经》的记忆为方法，又给出了通过圆周率小数点后八十一位数字的记忆，打造大脑的多向思维的方法。

为什么选择《道德经》为示例？其一，《道德经》传世版本一般为八十一章；其二，《道德经》为中华文化源流，记忆之有益于人的综合素养的提高，有无可想象的教育作用。

为什么选择圆周率的记忆为示例？其一，圆周率常常用来作为记忆教材；其二，能够充分体现两种记忆方法对大脑思维训练的不同。

现今观察，人的大脑是优于机器人的大脑的。然而，随着科技进步，人的大脑和机器人的大脑的差别越来越小。两者都在不断地进化，可以说，机器人大脑进化的速度远远超过人的大脑进化速度。如何提高人的大脑的进化速度，应该是摆在各国教育和科技工作者面前的一个刻不容缓的课题。

笔者自信《打造大脑的八十一个维度》所探讨的内容具有时代意义。自教育现象产生以来，让学生学习数学、语言等学科，往往把这些学科称之为"工具"学科。成千上万的人视之为金科玉律教导着成千上万的人学习之，似乎还要不变地继续学习成千上万年。笔者认为使人具有多向思维能力，打造大脑具有八十一个维度也应该成为一个学科，乃至成为一个工具学科，而且终将成为具有划时代意义的学科。本书旨在为探讨"如何提高人的大脑的进化速度"方面起到抛砖引玉的作用。

暴文明

2018年11月20日

关于《道德经》及其记忆

　　《道德经》是春秋时期老子（李耳）的哲学作品，又称《道德真经》《老子》《五千言》《老子五千文》，是中国古代先秦诸子百家中的一部著作，为其时诸子所共仰，是道家哲学思想的重要来源。

　　《道德经》是中国历史上最伟大的著作之一，对传统哲学、科学、政治、宗教等产生了深刻影响。据联合国教科文组织统计，《道德经》是除了《圣经》以外被译成外国文字发布量最多的文化名著。

　　《道德经》分为八十一章，文字五千多言。

　　本书将《道德经》分为九个模块，每个模块含九章。每个模块中的九章按数字和方位九宫格排列。并按书中阐述的规律记忆，形成八十一章的记忆模式，最终打造大脑的八十一个维度。

目　　录

第 一 模 块

关于道德经（第1—9章）的记忆

原文（部分注音）

第1章

　　道可道，非常道；名可名，非常名。无，名天地之始；有，名万物之母。故常无，欲以观其妙；常有，欲以观其徼^{jiào}。此两者同出而异名，同谓之玄。玄之又玄，众妙之门。

第2章

　　天下皆知美之为美，斯恶已；皆知善之为善，斯不善已。故有无相生，难易相成，长短相形，高下相倾，音声相和，前后相随。是以圣人处无为之事，行不言之教；万物作焉而不辞，生而不有，为而不恃，功成而弗^{fú}居。夫唯弗^{fú}居，是以不去。

第3章

不尚贤，使民不争；不贵难得之货，使民不为盗；不见可欲，使民心不乱。是以圣人之治，虚其心，实其腹，弱其志，强其骨。常使民无知无欲，使夫智者不敢为也。为无为，则无不治。

第4章

道冲，而用之或不盈。渊兮，似万物之宗。挫其锐，解其纷，和其光，同其尘，湛兮，似或存。吾不知谁之子，象帝之先。

第5章

天地不仁，以万物为刍狗；圣人不仁，以百姓为刍狗。天地之间，其犹橐龠乎？虚而不屈，动而愈出。多言数穷，不如守中。

第6章

谷神不死，是谓玄牝。玄牝之门，是谓天地根。绵绵若存，用之不勤。

第7章

天长地久。天地所以能长且久者，以其不自生，故能长生。是以圣人后其身而身先，外其身而身存。非以其无私邪？故能成其私。

第8章

上善若水。水善利万物而不争，处众人之所恶，故几于道。居善地，心善渊，与善仁，言善信，正善治，事善能，动善时。夫唯不争，故无尤。

第9章

持而盈之，不如其已。揣而锐之，不可长保。金玉满堂，莫之能守。富贵而骄，自遗其咎。功遂身退，天之道。

利用工具一：数字九宫格

1	2	3
4	5	6
7	8	9

利用工具二：方位九宫格

西 （1） 北	北 （2）	东 （3） 北
西 （4）	中 （5）	东 （6）
南 （7） 西	南 （8）	南 （9） 东

将九宫方位与数字结合，并熟悉方位与数字的位置

将第一模块九章按数字九宫格填入九宫格内

1．道可道，非常道；名可名，非常名。无，名天地之始；有，名万物之母。故常无，欲以观其妙；常有，欲以观其徼。此两者，同出而异名，同谓之玄。玄之又玄，众妙之门。	2．天下皆知美之为美，斯恶已。皆知善之为善，斯不善已。故有无相生，难易相成，长短相形，高下相倾，音声相和，前后相随。是以圣人处无为之事，行不言之教；万物作焉而不辞，生而不有，为而不恃，功成而弗居。夫唯弗居，是以不去。	3．不尚贤，使民不争；不贵难得之货，使民不为盗；不见可欲，使民心不乱。是以圣人之治，虚其心，实其腹，弱其志，强其骨。常使民无知无欲，使夫智者不敢为也。为无为，则无不治。
4．道冲，而用之或不盈。渊兮，似万物之宗；挫其锐，解其纷，和其光，同其尘。湛兮，似或存。吾不知谁之子，象帝之先。	5．天地不仁，以万物为刍狗；圣人不仁，以百姓为刍狗。天地之间，其犹橐龠乎？虚而不屈，动而愈出。多言数穷，不如守中。	6．谷神不死，是谓玄牝。玄牝之门，是谓天地根。绵绵若存，用之不勤。
7．天长地久。天地所以能长且久者，以其不自生，故能长生。是以圣人后其身而身先；外其身而身存。非以其无私邪？故能成其私。	8．上善若水。水善利万物而不争，处众人之所恶，故几于道。居善地，心善渊，与善仁，言善信，正善治，事善能，动善时。夫唯不争，故无尤。	9．持而盈之，不如其已；揣而锐之，不可长保；金玉满堂，莫之能守；富贵而骄，自遗其咎。功遂身退，天之道。

以中宫的位置为参照点，记忆各方位章内容

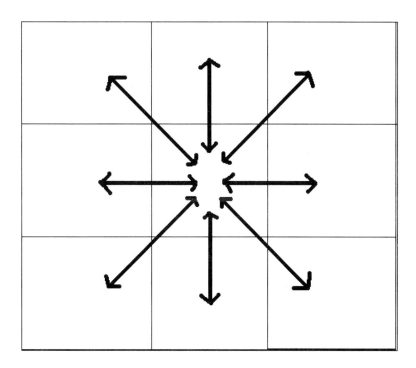

如，中宫数字5为第5章：天地不仁，以万物为刍狗；圣人不仁，以百姓为刍狗。天地之间，其犹橐龠乎？虚而不屈，动而愈出。多言数穷，不如守中。

其西北方向位数字为1，即第1章：道可道，非常道。名可名，非常名。无，名天地之始；有，名万物之母。故常无，欲以观其妙；常有，欲以观其徼。此两者，同出而异名，同谓之玄。玄之又玄，众妙之门。此两者1-5，5-1，中宫-西北，西北-中宫，反复背诵记忆。

再如中宫数字5为第五章如上，其南方为数字8，对应第8章：上善若水。水善利万物而不争，处众人之所恶，故几于道。居善地，心善渊，与善仁，言善信，正善治，事善能，动善时。夫唯不争，故无尤。此两者5-8，8-5，中宫-南，南-中宫，反复背诵记忆。

熟悉记忆相邻章内容

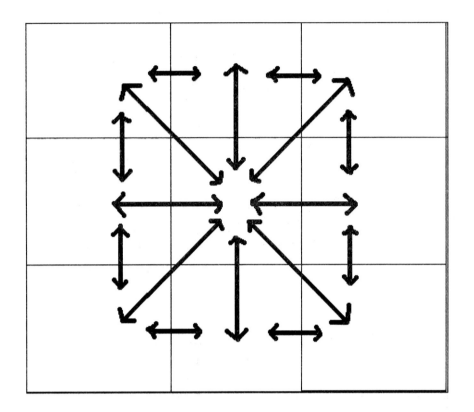

　　每章相邻章之间建立记忆链接。如，东方数字6为第6章，其上位为东北方数字3为第3章，

　　此两者，6-3，3-6，东-东北，东北-东，反复背诵记忆。其下位为东南方数字9为第9章，

　　此两者，6-9，9-6，东-东南，东南-东，反复背诵记忆。其左位为中宫数字5为第5章，此两者，6-5，5-6，东-中，中-东，反复背诵记忆。

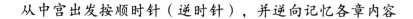

从中宫出发按顺时针（逆时针），并逆向记忆各章内容

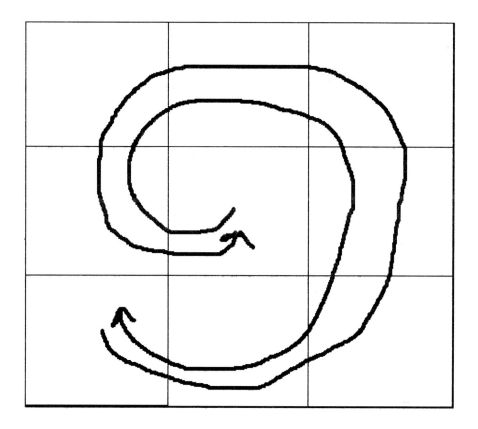

即第5章←→第4章←→第1章←→第2章←→第3章←→第6章←→第9章←→第8章←→第7章。

方位顺序走过中宫←→西←→西北←→北←→东北←→东←→东南←→南←→西南。

从中宫出发按图中所指折线方向记忆各章内容

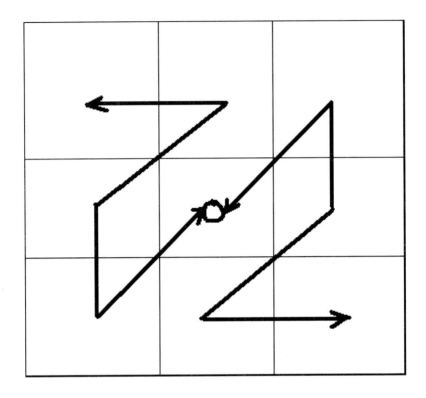

即第5章↔第7章↔第4章↔第2章↔第1章，方位顺序中↔西南↔西↔北↔西北。

第5章↔第3章↔第6章↔第8章↔第9章，方位顺序中↔东北↔东↔南↔东北。

小结

通过以上训练，我们对第一模块的记忆，应该是这样的：先是通过对这九章的多次反复记忆，对这九章逐渐记忆清晰，通过中宫作为参照点，先是熟悉了中宫（第5章）与另外八章的相互位置关系，又熟悉了这九章相邻章之间关系。要想达到能够随机可以回答这九章内容，还不足，我们又通过以中宫（第5章）为参照点，按顺时针方向，联想记忆各章，再通过以中宫为参照点，以折线方式，训练记忆各章，通过以上训练，我们就可以达到任意回答这九章内容的目的。

第二模块

关于道德经（第10—18章）的记忆

原文（部分注音）

第10章

载营魄抱一，能无离乎？专气致柔，能如婴儿乎？涤除玄览，能无疵（cī）乎？爱民治国，能无为乎？天门开阖（hé），能无雌乎？明白四达，能无知乎？

第11章

三十辐，共一毂（gū），当其无，有车之用。埏埴（shān zhí）以为器，当其无，有器之用。凿户牖（yǒu）以为室，当其无，有室之用。故有之以为利，无之以为用。

第12章

五色令人目盲；五音令人耳聋；五味令人口爽；驰骋畋（tián）猎，令人心发狂；难得之货，令人行妨。是以圣人为腹不为目，故去彼取此。

第13章

宠辱若惊，贵大患若身。何谓宠辱若惊？宠为下，得之若惊，失之若惊，是谓宠辱若惊。何谓贵大患若身？吾所以有大患者，为吾有身，及吾无身，吾有何患！故贵以身为天下，若可寄天下；爱以身为天下，若可托天下。

第14章

视之不见，名曰夷；听之不闻，名曰希；搏之不得，名曰微。此三者不可致诘(jié)，故混而为一。其上不皦(jiǎo)，其下不昧。绳绳不可名，复归于无物。是谓无状之状，无物之象，是谓惚恍。迎之不见其首，随之不见其后。执古之道，以御今之有。能知古始，是谓道纪。

第15章

古之善为士者，微妙玄通，深不可识。夫唯不可识，故强为之容：豫(yù)兮若冬涉川，犹兮若畏四邻，俨(yǎn)兮其若容，涣兮其若冰之将释，敦兮其若朴，旷兮其若谷，混兮其若浊。孰能浊以静之徐清？孰能安以久动之徐生？保此道者，不欲盈。夫唯不盈，故能弊而新成。

第16章

致虚极，守静笃。万物并作，吾以观复。夫物芸芸，各复归其根。归根曰静，是曰复命，复命曰常，知常曰明。不知常，妄作凶。知常容，容乃公，公乃王，王乃天，天乃道，道乃久，没身不殆(dài)。

第17章

太上，下知有之；其次，亲而誉之；其次，畏之，其次，侮(wǔ)之。信不足焉，有不信焉！悠分其贵言。功成事遂，百姓皆谓我自然。

第18章

大道废，有仁义；智慧出，有大伪，六亲不和，有孝慈；国家昏乱，有忠臣。

熟悉数字九宫格

10	11	12
13	14	15
16	17	18

熟悉数字与方位九宫格

西 　　10 　　　北	北11	东 12 北
西13	中14	东15
南 16 西	南17	南 18 东

将第二模块九章按数字九宫格填入九宫格内

10．载营魄抱一，能无离乎？抟气致柔，能如婴儿乎？涤除玄览，能无疵乎？爱民治国，能无为乎？天门开阖，能为雌乎？明白四达，能无知乎？	11．三十辐，共一毂，当其无，有车之用。埏埴以为器，当其无，有器之用。凿户牖以为室，当其无，有室之用。故有之以为利，无之以为用。	12．五色令人目盲；五音令人耳聋；五味令人口爽；驰骋畋猎，令人心发狂；难得之货，令人行妨。是以圣人为腹不为目，故去彼取此。
13．宠辱若惊，贵大患若身。何谓宠辱若惊？宠为下，得之若惊，失之若惊，是谓宠辱若惊。何谓贵大患若身？吾所以有大患者，为吾有身，及吾无身，吾有何患？故贵以身为天下，若可寄天下；爱以身为天下，若可托天下。	14．视之不见，名曰夷；听之不闻，名曰希；搏之不得，名曰微。此三者不可致诘，故混而为一。其上不皦，其下不昧。绳绳不可名，复归于物。是谓无状之状，无物之象，是谓惚恍。迎之不见其首，随之不见其后。执古之道，以御今之有。能知古始，是谓道纪。	15．古之善为士者，微妙玄通，深不可识。夫唯不可识，故强为之容：豫兮若冬涉川；犹兮若畏四邻；俨兮其若容；涣兮其若冰之将释；敦兮其若朴；旷兮其若谷；混兮其若浊。孰能浊以静之徐清？孰能安以久动之徐生？保此道者，不欲盈。夫唯不盈，故能蔽而新成。
16．致虚极，守静笃。万物并作，吾以观复。夫物芸芸，各复归其根。归根曰静，是曰复命。复命曰常，知常曰明。不知常，妄作凶。知常容，容乃公，公乃王，王乃天，天乃道，道乃久，没身不殆。	17．太上，不知有之；其次，亲而誉之；其次，畏之；其次，侮之。信不足焉，有不信焉。悠兮其贵言。功成事遂，百姓皆谓：我自然。	18．大道废，有仁义；智慧出，有大伪；六亲不和，有孝慈；国家昏乱，有忠臣。

以中宫的位置为参照点，记忆各方位章内容

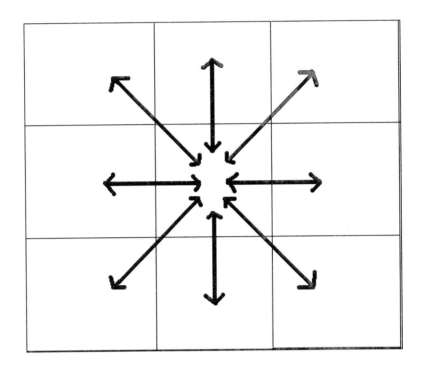

如，中宫数字14，为第14章：视之不见，名曰夷；听之不闻，名曰希；搏之不得，名曰微。此三者不可致诘，故混而为一。其上不皦，其下不昧。绳绳不可名，复归于物。是谓无状之状，无物之象，是谓惚恍。迎之不见其首，随之不见其后。执古之道，以御今之有。能知古始，是谓道纪。

其西北方向位数字10，即第10章：载营魄抱一，能无离乎？专气致柔，能如婴儿乎？涤除玄览，能无疵乎？爱民治国，能无为乎？天门开阖，能为雌乎？明白四达，能无知乎？

此两者14-10，10-14，中宫-西北，西北-中宫，反复背诵记忆。

再如中宫数字14为第14章，如上，其南方为数字17，对应第17

章：太上，不知有之；其次，亲而誉之；其次，畏之；其次，侮之。
信不足焉，有不信焉。悠兮其贵言。功成事遂，百姓皆谓我自然。

此两者14-17，17-14，中宫-南，南-中宫，反复背诵记忆。

熟悉记忆相邻章内容

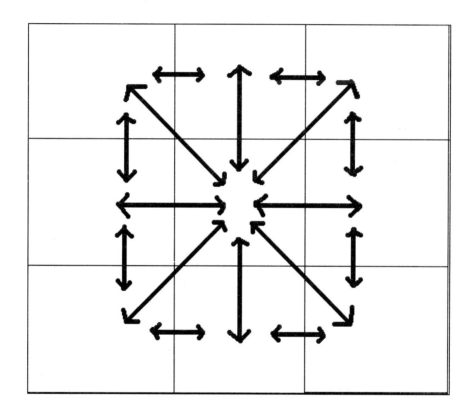

每章相邻章之间建立记忆链接。如，东方数字15为第15章，其上位为东北方数字12为第12章，

此两者，15-12，12-15，东-东北，东北-东，反复背诵记忆。

其下位为东南方数字18为第18章，

此两者，15-18，18-15，东-东南，东南-东，反复背诵记忆。

其左位为中宫数字14为第14章，

此两者，15-14，14-15，东-中，中-东，反复背诵记忆。

从中宫出发按顺时针（逆时针），并逆向记忆各章内容

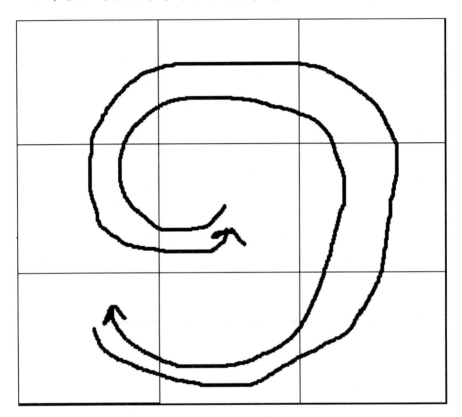

即第14章⟷第13章⟷第10章⟷第11章⟷第12章⟷第15章⟷第18章⟷第17章⟷第16章。

方位顺序走过中宫⟷西⟷西北⟷北⟷东北⟷东⟷东南⟷南⟷西南。

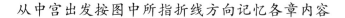

从中宫出发按图中所指折线方向记忆各章内容

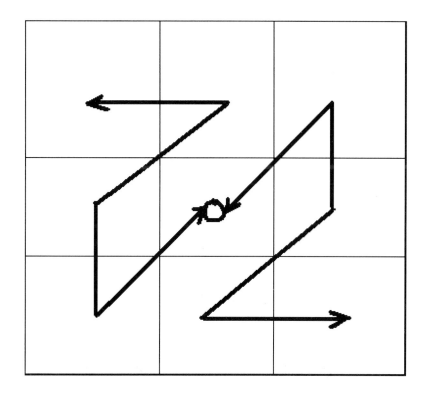

即第14章←→第16章←→第13章←→第11章←→第10章。

方位顺序中←→西南←→西←→北←→西北。

第14章←→第12章←→第15章←→第17章←→第18章。

方位顺序中←→东北←→东←→南←→东北。

熟悉记忆相邻模块同一方位对应章内容

1←→10	2←→11	3←→12
4←→13	5←→14	6←→15
7←→16	8←→17	9←→18

如1←→10，第1章←→第10章，在第1章与第10章之间建立记忆链接。第1章：道可道，非常道；名可名，非常名。无名万物之始；有名，万物之母。故常无，欲以观其妙；常有，欲以观其徼。此两者同出而异名，同谓之玄。玄之又玄，众妙之门。第10章载营魄抱一，能无离乎？专气致柔，能如婴儿乎？涤除玄览，能无疵乎？爱民治国，能无为乎？天门开阖，能为雌乎？明白四达，能无知乎？

此两者，1-10，10-1，反复背诵记忆。

小结

通过以上训练，我们对第二模块的记忆，应该是这样的：先是通过对这九章的多次反复记忆，对这九章逐渐记忆清晰，通过中宫作为参照点，先是熟悉了中宫（第14章）与另外八章的相互位置关系，又熟悉了这九章相邻章之间关系。要想达到能够随机可以回答这九章内容，还不足，我们又通过以中宫（第14章）为参照点，按顺时针方向，联想记忆各章，再通过以中宫为参照点，以折线方式，训练记忆各章，为建立第一模块与本模块记忆链接，我们又增加了相应的训练。通过以上训练，我们就可以达到任意回答这九章内容的目的。

第三模块

关于《道德经》（第19—27章）的记忆

原文（部分注音）

第19章

绝圣弃智，民利百倍；绝仁弃义，民复孝慈；绝巧弃利，盗贼无有。此三者以为文，不足，故令有所属：见素抱朴，少私寡欲。

第20章

绝学无忧。唯之与阿，相去几何？善之与恶，相去若何？人之所畏，不可不畏。荒兮，其未央哉！众人熙熙，如享太牢，如春登台。我独泊兮，其未兆，如婴儿之未孩。儽儽兮，若无所归！众人皆有余，而我独若遗。我愚人之心也哉！沌沌兮！俗人昭昭，我独昏昏。俗人察察，我独闷闷。澹兮其若海，飓兮若无止。众人皆有以，而我独顽以鄙。我独异于人，而贵食母。

第21章

孔德之容，惟道是从。道之为物，惟恍惟惚。惚兮恍兮，其中有象，恍兮惚兮，其中有物。窈兮冥(míng)兮，其中有精，其精甚真，其中有信。自古及今，其名不去，以阅众甫(fǔ)。吾何以知众甫(fǔ)之状哉？以此。

第22章

曲则全，枉则直；洼则盈，弊则新；少则得，多则惑。是以圣人抱一为天下式。不自见，故明；不自是，故彰；不自伐，故有功；不自矜(jīn)，故长。夫唯不争，故天下莫能与之争。古之所谓"曲则全"者，岂虚言哉！诚全而归之。

第23章

希言自然。故飘风不终朝，骤雨不终日。孰为此者？天地。天地尚不能久，而况于人乎？故从事于道者，道者同于道；德者，同于德，失者，同于失。同于道者，道亦乐得之，同于德者，德亦乐得之，同于失者，失亦乐得之。信不足焉，有不信焉。

第24章

企者不立，跨者不行，自见者不明，自是者不彰，自伐者无功，自矜(jīn)者不长。其在道也，曰：余食赘(zhuì)形，物或恶之，故有道者不处。

第25章

有物混成，先天地生。寂兮廖兮，独立不改，周行而不殆，可以为天下母。吾不知其名，字之曰道，强为之名曰大。大曰逝，逝曰远，远曰反。故道大，天大，地大，人亦大。域中有四大，而人居其一焉。人法地，地法天，天法道，道法自然。

第26章

重为轻根，静为躁君。是以圣人终日行不离辎重，虽有荣观，燕处超然。奈何万乘之主，而以身轻天下？轻则失根，躁则失君。

第27章

善行无辙迹；善言无瑕谪；善数不用筹策；善闭无关楗而不可开；善结无绳约而不可解。是以圣人常善救人，故无弃人；常善救物，故无弃物。是谓袭明。故善人者，不善人之师；不善人者，善人之资。不贵其师，不爱其资，虽智大迷，是谓要妙。

熟悉数字与方位九宫格

19	20	21
22	23	24
25	26	27

熟悉数字与方位九宫格

西 　　19 　　　北	北20	东 21 北
西22	中23	东24
南 25 西	南26	南 27 　　　东

将第三模块九章按数字九宫格填入九宫格内

19. 绝圣弃智，民利百倍；绝仁弃义，民复孝慈；绝巧弃利，盗贼无有。此三者，以为文，不足。故令有所属：见素抱朴，少思寡欲。	20. 绝学无忧。唯之与阿，相去几何？善之与恶，相去若何？人之所畏，不可不畏。荒兮，其未央哉！众人熙熙，如享太牢，如春登台。我独泊兮，其未兆；如婴儿之未孩；傫傫兮，若无所归。众人皆有余，而我独若遗。我愚人之心也哉！沌沌兮，俗人昭昭，我独昏昏。俗人察察，我独闷闷。澹兮其若海，飂兮若无止。众人皆有以，而我独顽以鄙。我独异于人，而贵食母。	21. 孔德之容，惟道是从。道之为物，惟恍惟惚。惚兮恍兮，其中有象；恍兮惚兮，其中有物。窈兮冥兮，其中有精；其精甚真，其中有信。自古及今，其名不去，以阅众甫。吾何以知众甫之状哉？以此。

22．曲则全，枉则直；洼则盈，敝则新；少则多，多则惑。是以圣人抱一为天下式。不自见，故明；不自是，故彰；不自伐，故有功；不自矜，故长。夫唯不争，故天下莫能与之争。古之所谓"曲则全"者，岂虚言哉！诚全而归之。	23．希言自然。故飘风不终朝，骤雨不终日。孰为此者？天地。天地尚不能久，而况于人乎？故从事于道者，道者同于道；德者，同于德；失者，同于失。同于道者，道亦乐得之，同于德者，德亦乐得之；同于失者，失亦乐得之。信不足焉，有不信焉。	24．企者不立；跨者不行，自见者不明，自是者不彰，自伐者无功，自矜者不长。其在道也，曰：余食赘形。物或恶之，故有道者不处。
25．有物混成，先天地生。寂兮寥兮，独立不改，周行而不殆，可以为天地母。吾不知其名，字之曰道，强为之名曰大。大曰逝，逝曰远，远曰反。故道大，天大，地大，人亦大。域中有四大，而人居其一焉。人法地，地法天，天法道，道法自然。	26．重为轻根，静为躁君。是以圣人终日行不离辎重。虽有荣观，燕处超然。奈何万乘之主，而以身轻天下？轻则失根，躁则失君。	27．善行无辙迹；善言无瑕谪；善数不用筹策；善闭无关楗而不可开；善结无绳约而不可解。是以圣人常善救人，故无弃人；常善救物，故无弃物。是谓袭明。故善人者，不善人之师；不善人者，善人之资。不贵其师，不爱其资，虽智大迷，是谓要妙。

以中宫的位置为参照点，记忆各方位章内容

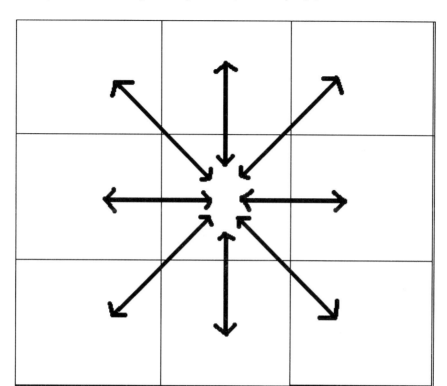

如，中宫数字23为第23章，第23章与19章内容留存。

此两者23—19，19—23，中宫—西北，西北—中宫，反复背诵记忆。

再如中宫数字23为第23章，如上，其南方为数字26，对应第26章：重为轻根，静为躁君。是以圣人终日行不离辎重。虽有荣观，燕处超然。奈何万乘之主，而以身轻天下？轻则失根，躁则失君。

此两者23—26，26—23，中宫—南，南—中宫，反复背诵记忆。

熟悉记忆相邻章内容

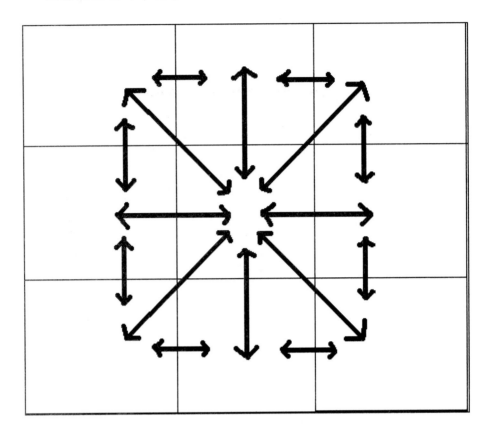

　　每章相邻章之间建立记忆链接。如，东方数字24为第24章，其上位为东北方数字21为第21章，此两者，24-21，21-24，东-东北，东北-东，反复背诵记忆。其下位为东南方数字27为第27章，此两者，24-27，27-24，东-东南，东南-东，反复背诵记忆。其左位为中宫数字23为第23章，此两者，24-23，23-24，东-中，中-东，反复背诵记忆。

从中宫出发按顺时针（逆时针），并逆向记忆各章内容

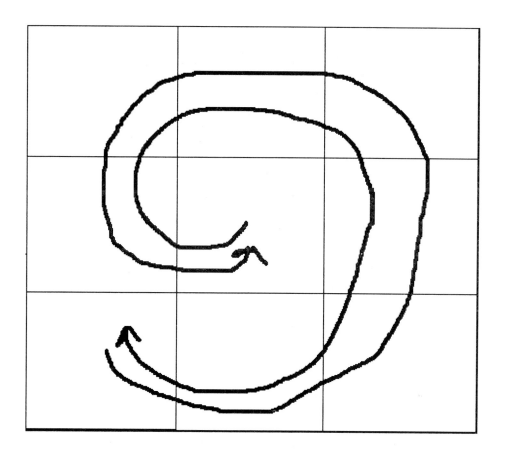

即第23章←→第22章←→第19章←→第20章←→第21章←→第24章←→第27章←→第26章←→第25章。

方位顺序走过中宫←→西 ←→ 西北←→北 ←→东北 ←→ 东←→ 东南←→南←→西南。

从中宫出发按图中所指折线方向记忆各章内容。

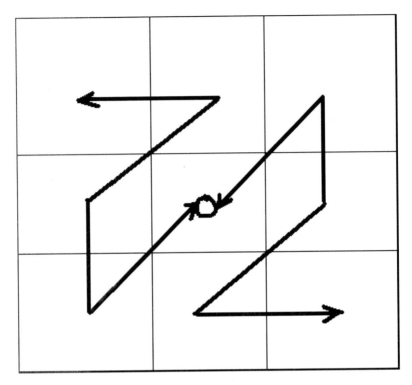

即第23章↔第25章↔第22章↔第20章↔第19章，方位顺序中↔西南↔西↔北↔西北。

第23章↔第21章↔第24章↔第26章↔第27章，方位顺序中↔东北↔东↔南↔东北。

熟悉记忆相邻模块同一方位对应章内容

1←→10←→19	2←→11←→20	3←→12←→21
4←→13←→22	5←→14←→23	6←→15←→24
7←→16←→25	8←→17←→26	9←→18←→27

如1←→10←→19，第1章←→第10章←→第19章，在第1章与第10章之间建立记忆链接。

第1章，道可道，非常道；名可名，非常名。无名，万物之始；有名，万物之母。故常无欲，以观其妙；常有欲，以观其徼（jiǎo）。此两者同出而异名，同谓之玄。玄之又玄，众妙之门。

第10章，载营魄抱一，能无离乎？专气致柔，能如婴儿乎？涤除玄览，能无疵（cī）乎？爱民治国，能无为乎？天门开阖（hé），能为雌乎？明白四达，能无知乎？

第19章，绝圣弃智，民利百倍；绝仁弃义，民复孝慈；绝巧弃利，盗贼无有。此三者以为文，不足，故令有所属：见素抱朴，少私寡欲。

小结

通过以上训练，我们对第三模块的记忆，应该是这样的：先是通过对这九章的多次反复记忆，对这九章逐渐记忆清晰，通过中宫作为参照点，先是熟悉了中宫（第23章）与另外八章的相互位置关系，又熟悉了这九章相邻章之间关系。要想达到能够随机可以回答这九章内容，还不足，我们又通过以中宫（第23章）为参照点，按顺时针方向，联想记忆各章，再通过以中宫为参照点，以折线方式，训练记忆各章，为建立前两模块与本模块记忆链接，我们又增加了相应的训练。通过以上训练，我们就可以达到任意回答这九章内容的目的。

第四模块

关于《道德经》（第28-36章）的记忆

原文（部分注音）

第28章

知其雄，守其雌，为天下溪。为天下溪，常德不离，复归于婴儿。知其白，守其黑，为天下式。为天下式，常德不忒（tè），复归于无极。知其荣，守其辱，为天下谷。为天下谷，常德乃足，复归于朴。朴散则为器，圣人用之，则为官长。故大制不割。

第29章

将欲取天下而为之，吾见其不得已。天下神器，不可为也，为者败之，执者失之。故物或行或随，或歔或吹，或强或羸，或载或隳。是以圣人去甚，去奢，去泰。

第30章

以道佐人主者，不以兵强天下，其事好还。师之所处，荆棘生焉。大军过后，必有凶年，善有果而已，不敢以取强。果而勿矜，果而勿伐，果而勿骄，果而不得已，果而勿强。物壮则老，谓之不道，不道早已。

第31章

夫佳兵者，不祥之器，物或恶之，故有道者不处。君子居则贵左，用兵则贵右。兵者不祥之器，非君子之器，不得已而用之，恬淡为上，胜而不美，而美之者，是乐杀人。夫乐杀人者，则不可得志于天下矣。吉事尚左，凶事尚右。偏将军居左，上将军居右。言以丧礼处之。杀人之众，以悲哀泣之；战胜以丧礼处之。

第32章

道常无名，朴虽小，天下莫能臣也。侯王若能守之，万物将自宾。天地相合，以降甘露，民莫之令而自均。始制有名。名亦既有，夫亦将知止。知止可以不殆。譬道之在天下，犹川谷之于江海。

第33章

知人者智，自知者明。胜人者有力，自胜者强。知足者富，强行者有志。不失其所者，久，死而不亡者，寿。

第34章

大道氾兮，其可左右。万物恃之而生而不辞，功成不名有。衣养万物而不为主，常无欲可名于小；万物归焉而不为主，可名为大。以其终不自为大，故能成其大。

第35章

执大象，天下往。往而不害，安平泰。乐与饵，过客止。道之出口，淡乎其无味，视之不足见，听之不足闻，用之不足既。

第36章

将欲歙^{xi}之，必固张之；将欲弱之，必固强之；将欲废之，必固兴之；将欲取之，必固与之。是谓微明。柔弱胜刚强。鱼不可脱于渊，国之利器不可以示人。

熟悉数字九宫格

28	29	30
31	32	33
34	35	36

熟悉数字与方位九宫格

西 28 北	北29	东 30 北
西31	中32	东33
南 34 西	南35	南 36 东

将第四模块九章按数字九宫格填入九宫格内

28. 知其雄，守其雌，为天下溪。为天下溪，常德不离，复归于婴儿。知其白，守其黑，为天下式。为天下式，常德不忒，复归于无极。知其荣，守其辱，为天下谷。为天下谷，常德乃足，复归于朴。朴散则为器，圣人用之，则为官长，故大制不割。	29. 将欲取天下而为之，吾见其不得已。天下神器，不可为也，为者败之，执者失之。故物或行或随；或歔或吹；或强或羸；或载或隳。是以圣人去甚，去奢，去泰。	30. 以道佐人主者，不以兵强天下。其事好还。师之所处，荆棘生焉。大军过后，必有凶年，善有果而已，不敢以取强。果而勿矜，果而勿伐，果而勿骄。果而不得已，果而勿强。物壮则老，是谓不道，不道早已。
31. 夫佳兵者，不祥之器，物或恶之，故有道者不处。君子居则贵左，用兵则贵右。兵者不祥之器，非君子之器，不得已而用之，恬淡为上。胜而不美，而美之者，是乐杀人。夫乐杀人者，则不可得志于天下矣。吉事尚左，凶事尚右。偏将军居左，上将军居右，言以丧礼处之。杀人之众，以悲哀泣之，战胜以丧礼处之。	32. 道常无名，朴，虽小，天下莫能臣。侯王若能守之，万物将自宾。天地相合，以降甘露，民莫之令而自均。始制有名，名亦既有，夫亦将知止，知止可以不殆。譬道之在天下，犹川谷之于江海。	33. 知人者智，自知者明。胜人者有力，自胜者强。知足者富。强行者有志。不失其所者久，死而不亡者，寿。
34. 大道氾兮，其可左右。万物恃之而生而不辞，功成不名有。衣养万物而不为主常无欲，可名于小；万物归焉而不为主，可名为大。以其终不自为大，故能成其大。	35. 执大象，天下往。往而不害，安平泰。乐与饵，过客止。道之出口，淡乎其无味，视之不足见，听之不足闻，用之不足既。	36. 将欲歙之，必固张之；将欲弱之，必固强之；将欲废之，必固兴之；将欲取之，必固与之。是谓微明。柔弱胜刚强。鱼不可脱于渊，国之利器不可以示人。

以中宫的位置为参照点，记忆各方位章内容

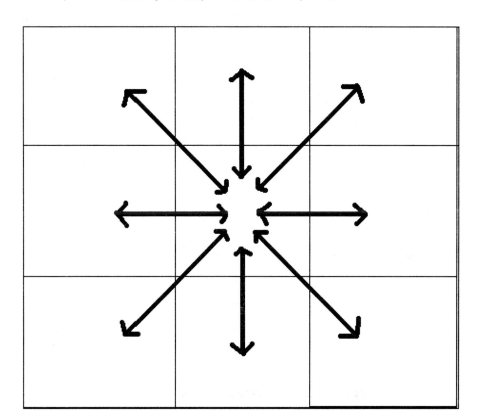

如，中宫数字32为第32章：道常无名朴。虽小，天下莫能臣也。侯王若能守之，万物将自宾。天地相合，以降甘露，民莫之令而自均。始制有名，名亦既有，夫亦将知止，知止可以不殆。譬道之在天下，犹川谷之于江海。

其西北方位数字28，即第28章：知其雄，守其雌，为天下溪。为天下溪，常德不离，复归于婴儿。知其白，守其黑，为天下辱。为天下谷式常德不忒，复归于无极。知其荣，守其式，为天下谷。为天下谷，常德万足，复归于朴。朴散则为器，圣人用之，则为官长，故大制不割。

此两者32-28，28-32，中宫-西北，西北-中宫，反复背诵记忆。

再如中宫数字32为第32章如上，其南方为数字35，对应第35章

35：执大象，天下往。往而不害，安平泰。乐与饵，过客止。道之出口，淡乎其无味，视之不足见，听之不足闻，用之不足既。

此两者32-35，35-32，中宫-南，南-中宫，反复背诵记忆。

熟悉记忆相邻章内容

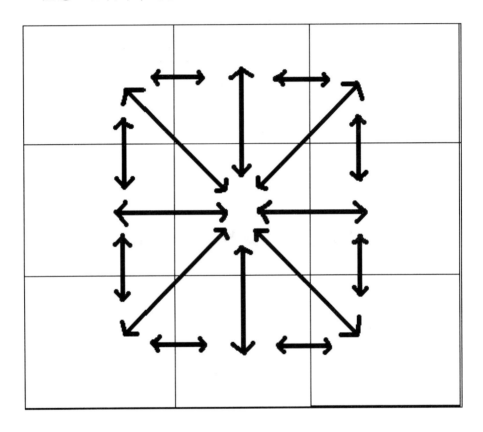

每章相邻章之间建立记忆链接。

如，东方数字33为第33章，其上位为东北方数字30为第30章，此两者33-30，30-33，东-东北，东北-东，反复背诵记忆。

其下位为东南方数字36为第36章，此两者，33-36，36-33，东-东

南，东南-东，反复背诵记忆。

其左位为中宫数字32为第32章，

此两者，33-32，32-33，东-中，中-东，反复背诵记忆。

从中宫出发按顺时针（逆时针），并逆向记忆各章内容

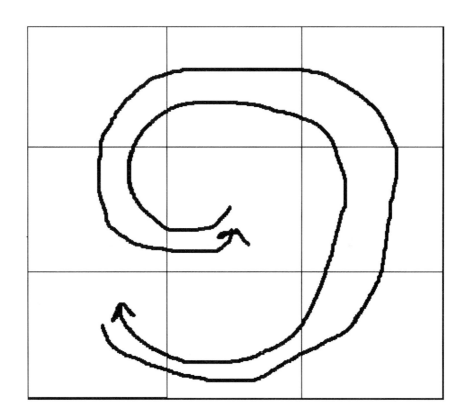

即第32章↔第31章↔第28章↔第29章↔第30章↔第33章↔第36章↔第35章↔第34章。

方位顺序走过中宫↔西 ↔ 西北↔北 ↔东北 ↔ 东↔ 东南↔南↔西南。

从中宫出发按图中所指折线方向记忆各章内容

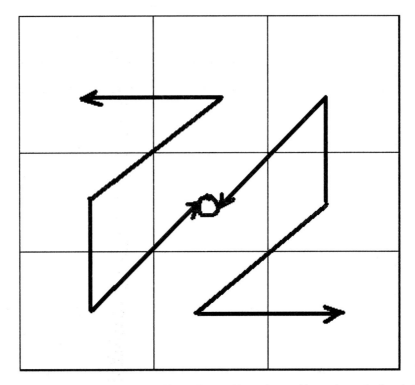

即第32章↔第34章↔第31章↔第29章↔第28章，方位顺序中↔西南↔西↔北↔西北。

第32章↔第30章↔第32章↔第35章↔第36章，方位顺序中↔东北↔东↔南↔东北。

熟悉记忆相邻模块同一方位对应章内容

1←→10←→19←→28	2←→11←→20←→29	3←→12←→21←→30
4←→13←→22←→31	5←→14←→23←→32	6←→15←→24←→33
7←→16←→25←→34	8←→17←→26←→35	9←→18←→27←→36

小结

通过以上训练，我们对第四模块的记忆，应该是这样的：先是通过对这九章的多次反复记忆，对这九章逐渐记忆清晰，通过中宫作为参照点，先是熟悉了中宫（第32章）与另外八章的相互位置关系，又熟悉了这九章相邻章之间关系。要想达到能够随机可以回答这九章内容，还不足，我们又通过以中宫（第32章）为参照点，按顺时针方向，联想记忆各章，再通过以中宫为参照点，以折线方式，训练记忆各章，为建立前三模块与本模块记忆链接，我们又增加了相应的训练。通过以上训练，我们就可以达到任意回答这九章内容的目的。

第 五 模 块

关于《道德经》（第37-45章）的记忆

原文（部分注音）

第37章

道常无为而无不为。侯王若能守之，万物将自化。化而欲作，吾将镇之以无名之朴。无名之朴，夫亦将不欲。不欲以静，天下将自定。

第38章

上德不德，是以有德；下德不失德，是以无德。上德无为而无以为；下德为之而有以为。上仁为之而无以为；上义为之而有以为。上礼为之而莫之应，则攘（rǎng）臂而扔之。故失道而后德，失德而后仁，失仁而后义，失义而后礼。夫礼者，忠信之薄，而乱之首。前识者，道之华，而愚之始。是以大丈夫处其厚，不居其薄；处其实，不居其华。故去彼取此。

第39章

昔之得一者：天得一以清；地得一以宁；神得一以灵；谷得一以盈；万物得一以生；侯王得一以为天下贞。其致之也，谓天无以清，将恐裂；地无以宁，将恐发；神无以灵，将恐歇；谷无以盈，将恐竭；万物无以生，将恐灭；侯王无以正，将恐蹶。故贵以贱为本，高以下为基。是以侯王自谓孤、寡、不谷。此非以贱为本邪？非乎？故致数舆誉无舆。是故不欲琭琭如玉，珞珞如石。

第40章

反者道之动；弱者道之用。天下万物生于有，有生于无。

第41章

上士闻道，勤而行之；中士闻道，若存若亡；下士闻道，大笑之。不笑不足以为道。故建言有之：明道若昧；进道若退；夷道若纇；上德若谷；大白若辱；广德若不足；建德若偷；质真若渝；大方无隅；大器晚成；大音希声；大象无形；道隐无名。夫唯道，善贷且成。

第42章

道生一，一生二，二生三，三生万物。万物负阴而抱阳，冲气以为和。人之所恶，唯孤、寡、不谷，而王公以为称。故物或损之而益，或益之而损。人之所教，我亦教之。强梁者不得其死，吾将以为教父。

第43章

天下之至柔，驰骋天下之至坚。无有入无间，吾是以知无为之有益。不言之教，无为之益，天下希及之。

第44章

名与身孰亲？身与货孰多？得与亡孰病？甚爱必大费；多藏必厚亡。故知足不辱，知止不殆，可以长久。

第45章

大成若缺，其用不弊。大盈若冲，其用不穷。大直若屈，大巧若拙，大辩若讷。躁胜静，寒胜热。清静为天下正。

熟悉数字九宫格

37	38	39
40	41	42
43	44	45

熟悉数字与方位九宫格

西 37 北	北38	东 39 北
西40	中41	东42
南 43	南44	南 45 东

将第五模块九章填入九宫格内

37. 道常无为而无不为。侯王若能守之，万物将自化。化而欲作，吾将镇之以无名之朴。无名之朴，夫亦将不欲。不欲以静，天下将自定。	38. 上德不德，是以有德；下德不失德，是以无德。上德无为而无以为；下德为之而有为。上仁为之而无以为；上义为之而有以为。上礼为之而莫之应，则攘臂而扔之。故失道而后德，失德而后仁，失仁而后义，失义而后礼。夫礼者，忠信之薄，而乱之首。前识者，道之华，而愚之始。是以大丈夫处其厚，不居其薄；处其实，不居其华。故去彼取此。	39. 昔之得一者：天得一以清；地得一以宁；神得一以灵；谷得一以盈；万物得一以生；侯王得一以为天下贞。其致之也，谓天无以清，将恐裂；地无以宁，将恐发；神无以灵，将恐歇；谷无以盈，将恐竭；万物无以生，将恐灭；侯王无以正，将恐蹶。故贵以贱为本，高以下为基。是以侯王自谓孤、寡、不谷。此非以贱为本邪？非乎？故致数舆与舆。是故不欲球球如玉，珞珞如石。
40. 反者道之动；弱者道之用。天下万物生于有，有生于无。	41. 上士闻道，勤而行之；中士闻道，若存若亡；下士闻道，大笑之。不笑不足以为道。故建言有之：明道若昧；进道若退；夷道若纇；上德若谷；大白若辱；广德若不足；建德若偷；质真若渝；大方无隅；大器晚成；大音希声；大象无形；道隐无名。夫唯道，善贷且成。	42. 道生一，一生二，二生三，三生万物。万物负阴而抱阳，冲气以为和。人之所恶，唯孤、寡、不谷，而王公以为称。故物或损之而益，或益之而损。人之所教，我亦教之。强梁者不得其死，吾将以为教父。
43. 天下之至柔，驰骋天下之至坚。无有入无间，吾是以知无为之有益。不言之教，无为之益，天下希及之。	44. 名与身孰亲？身与货孰多？得与亡孰病？甚爱必大费；多藏必厚亡。故知足不辱，知止不殆，可以长久。	45. 大成若缺，其用不弊。大盈若冲，其用不穷。大直若屈，大巧若拙，大辩若讷。躁胜静，寒胜热。清静为天下正。

以中宫的位置为参照点，记忆各方位章内容

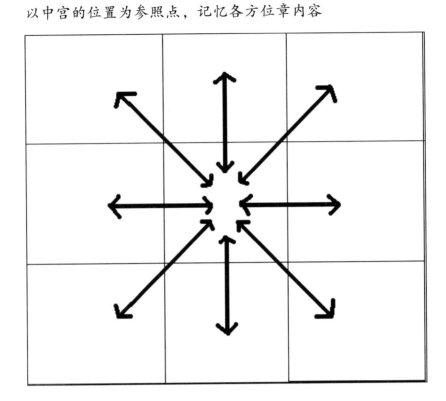

如，中宫数字41为第41章：上士闻道，勤而行之；中士闻道，若存若亡；下士闻道，大笑之。不笑不足以为道。故建言有之：明道若昧；进道若退；夷道若纇；上德若谷；大白若辱；广德若不足；建德若偷；质真若渝；大方无隅；大器晚成；大音希声；大象无形；道隐无名。夫唯道，善贷且成。

其西北方位数字37即第37章：道常无为而无不为。侯王若能守之，万物将自化。化而欲作，吾将镇之以无名之朴。无名之朴，夫亦将不欲。不欲以静，天下将自定。

此两者41-37，37-41，中宫-西北，西北-中宫，反复背诵记忆。

再如中宫数字41为第41章，如上，其南方为数字44，对应第44章：名与身孰亲？身与货孰多？得与亡孰病？甚爱必大费；多藏必厚亡。故知足不辱，知止不殆，可以长久。

此两者41—44，44—41，中宫—南，南—中宫，反复背诵记忆。

熟悉记忆相邻章内容

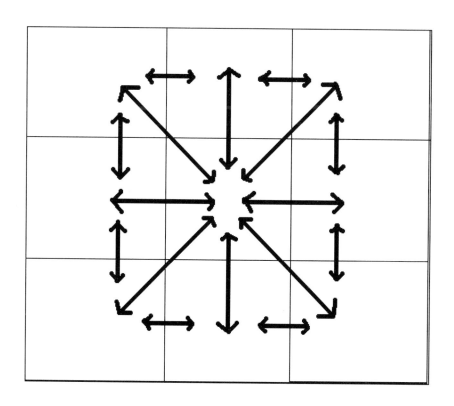

每章相邻章之间建立记忆链接。

如，东方数字42为第42章，其上位为东北方数字39为第39章，此两者42—39，39—42，东—东北，东北—东，反复背诵记忆。

其下位为东南方数字45为第45章，此两者，42—45，45—42，东—东南，东南—东，反复背诵记忆。

其左位为中宫数字41为第41章，此两者，42—41，41—42，东—中，中—东，反复背诵记忆。

从中宫出发按顺时针（逆时针），并逆向记忆各章内容

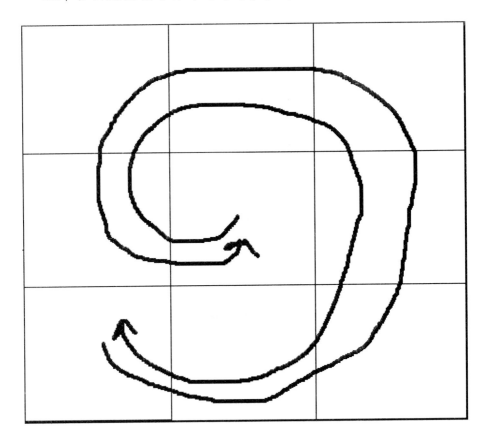

即第41章⟷第40章⟷第37章⟷第38章⟷第39章⟷第42章⟷第
45章⟷第44章⟷第43章。

方位顺序走过中宫⟷西 ⟷ 西北⟷北 ⟷东北 ⟷ 东⟷ 东南⟷
南⟷西南。

从中宫出发按图中所指折线方向记忆各章内容

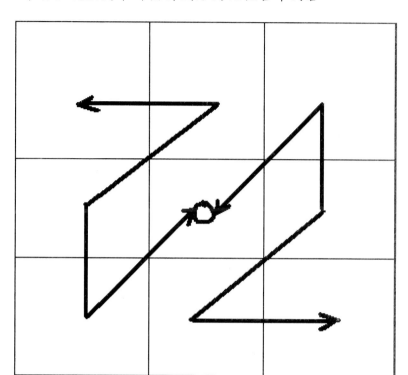

即第41章↔第43章↔第40章↔第38章↔第37章，方位顺序中↔西南↔西↔北↔西北。

第41章↔第39章↔第41章↔第44章↔第45章，方位顺序中↔东北↔东↔南↔东北。

熟悉记忆相邻模块同一方位对应章内容

1←→10←→19 ←→28←→37	2←→11←→20 ←→29←→38	3←→12←→21 ←→30←→39
4←→13←→22 ←→31←→40	5←→14←→23 ←→32←→41	6←→15←→24 ←→33←→42
7←→16←→25 ←→34←→43	8←→17←→26 ←→35←→44	9←→18←→27 ←→36←→45

小结

通过以上训练，我们对第五模块的记忆，应该是这样的：先是通过对这九章的多次反复记忆，对这九章逐渐记忆清晰，通过中宫作为参照点，先是熟悉了中宫（第41章）与另外八章的相互位置关系，又熟悉了这九章相邻章之间关系。要想达到能够随机可以回答这九章内容，还不足，我们又通过以中宫（第41章）为参照点，按顺时针方向，联想记忆各章，再通过以中宫为参照点，以折线方式，训练记忆各章，为建立前四模块与本模块记忆链接，我们又增加了相应的训练。通过以上训练，我们就可以达到任意回答这九章内容的目的。

第六模块

关于《道德经》（第46-54章）的记忆

原文（部分注音）

第46章

天下有道，却走马以粪。天下无道，戎马生于郊。祸莫大于不知足；咎莫大于欲得。故知足之足，常足矣。

第47章

不出户，知天下；不窥牖^{yǒu}，见天道。其出弥远，其知弥少。是以圣人不行而知，不见而名，不为而成。

第48章

为学日益，为道日损。损之又损，以至于无为。无为而无不为。取天下常以无事，及其有事，不足以取天下。

第49章

圣人常无心，以百姓心为心。善者，吾善之；不善者，吾亦善之；德善。信者，吾信之；不信者，吾亦信之；德信。圣人在天下歙歙，为天下浑其心，圣人皆孩之。

第50章

出生入死。生之徒，十有三；死之徒，十有三；人之生，动之于死地，亦十有三。夫何故？以其生生之厚。盖闻善摄生者，陆行不遇兕虎，入军不被甲兵；兕无所投其角，虎无所措其爪，兵无所容其刃。夫何故？以其无死地。

第51章

道生之，德畜之，物形之，势成之。是以万物莫不尊道而贵德。道之尊，德之贵，夫莫之命而常自然。故道生之，德畜之；长之育之；亭之毒之；养之覆之。生而不有，为而不恃，长而不宰。是谓玄德。

第52章

天下有始，以为天下母。既得其母，以知其子，既知其子复守其母，没身不殆。塞其兑，闭其门，终身不勤。开其兑，济其事，终身不救。见小曰明，守柔曰强。用其光，复归其明，无遗身殃；是为习常。

第53章

使我介然有知，行于大道，唯施是畏。大道甚夷，而民好径。朝甚除，田甚芜，仓甚虚；服文彩，带利剑，厌饮食，财货有馀；是谓盗夸。非道也哉！

第54章

善建者不拔，善抱者不脱，子孙以祭祀不辍。修之于身，其德乃
真；修之于家，其德乃馀；修之于乡，其德乃长；修之于国，其德乃
丰；修之于天下，其德乃普。故以身观身，以家观家，以乡观乡，以
国观国，以天下观天下。吾何以知天下然哉？以此。

熟悉数字九宫格

46	47	48
49	50	51
52	53	54

熟悉数字与方位九宫格

西		东
46 北	北47	48 北
西49	中50	东51
南 52 西	南53	南 54 东

将第六模块九章填入九宫格内

46．天下有道，却走马以粪。天下无道，戎马生于郊。祸莫大于不知足；咎莫大于欲得。故知足之足，常足矣。	47．不出户，知天下；不窥牖，见天道。其出弥远，其知弥少。是以圣人不行而知，不见而名，不为而成。	48．为学日益，为道日损。损之又损，以至于无为。无为而无不为。取天下常以无事，及其有事，不足以取天下。
49．圣人常无心，以百姓心为心。善者，吾善之；不善者，吾亦善之；德善。信者，吾信之；不信者，吾亦信之；德信。圣人在天下，歙歙焉，为天下浑其心，圣人皆孩之。	50．出生入死。生之徒，十有三；死之徒，十有三；人之生，动于死地，亦十有三。夫何故？以其生生之厚。盖闻善摄生者，陆行不遇兕虎，入军不被甲兵；兕无所投其角，虎无所指其爪，兵无所容其刃。夫何故？以其无死地。	51．道生之，德畜之，物形之，势成之。是以万物莫不尊道而贵德。道之尊，德之贵，夫莫之命而常自然。故道生之，德畜之；长之育之；亭之毒之；养之覆之。生而不有，为而不恃，长而不宰。是谓玄德。
52．天下有始，以为天下母。既得其母，以知其子，既知其子，复守其母，没身不殆。塞其兑，闭其门，终身不勤。开其兑，济其事，终身不救。见小曰明，守柔曰强。用其光，复归其明，无遗身殃；是为习常。	53．使我介然有知，行于大道，唯施是畏。大道甚夷，而民好径。朝甚除，田甚芜，仓甚虚；服文彩，带利剑，厌饮食，财货有余；是谓盗夸。非道也哉！	54．善建者不拔，善抱者不脱，子孙以祭祀不辍。修之于身，其德乃真；修之于家，其德乃余；修之于乡，其德乃长；修之于国，其德乃丰；修之于天下，其德乃普。故以身观身，以家观家，以乡观乡，以国观国，以天下观天下。吾何以知天下然哉？以此。

以中宫的位置为参照点，记忆各方位章内容

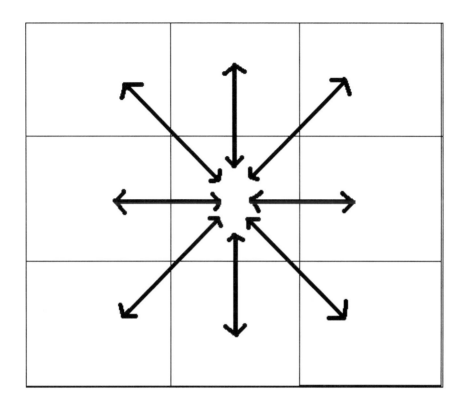

如，中宫数字50为第50章：出生入死。生之徒，十有三；死之徒，十有三；人之生，动之于死地，亦十有三。夫何故？以其生生之厚。盖闻善摄生者，路行不遇兕虎，入军不被甲兵；兕无所投其角，虎无所措其爪，兵无所容其刃。夫何故？以其无死地。

其西北方向位数字46即第46章：天下有道，却走马以粪。天下无道，戎马生于郊。祸莫大于不知足；咎莫大于欲得。故知足之足，常足矣。

此两者50—46，46—50，中宫—西北，西北—中宫，反复背诵记忆。

再如中宫数字50为第50章，如上，其南方为数字53，对应第53章：使我介然有知，行于大道，唯施是畏。大道甚夷，而民好径。朝甚除，田甚芜，仓甚虚；服文彩，带利剑，厌饮食，财货有余；是谓盗夸。非道也哉！

此两者50-53，53-50，中宫-南，南-中宫，反复背诵记忆。

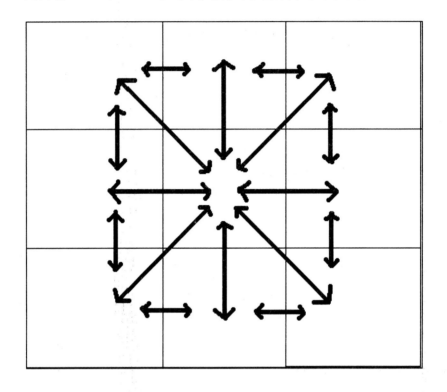

每章相邻章之间建立记忆链接。

如，东方数字51为第51章，其上位为东北方数字48为第48章，此两者51-48，48-51，东-东北，东北-东，反复背诵记忆。

其下位为东南方数字54为第54章，此两者，51-54，54-51，东-东南，东南-东，反复背诵记忆。

其左位为中宫数字50为第50章，此两者，51-50，50-51，东-中，中-东，反复背诵记忆。

从中宫出发按顺时针（逆时针），并逆向记忆各章内容

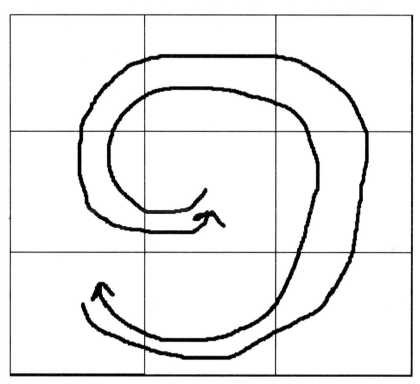

即第50章⟷第49章⟷第46章⟷第47章⟷第48章⟷第51章⟷第54章⟷第53章⟷第52章。

方位顺序走过中宫⟷西 ⟷ 西北⟷北 ⟷东北 ⟷ 东⟷ 东南⟷南⟷西南。

从中宫出发按图中所指折线方向记忆各章内容

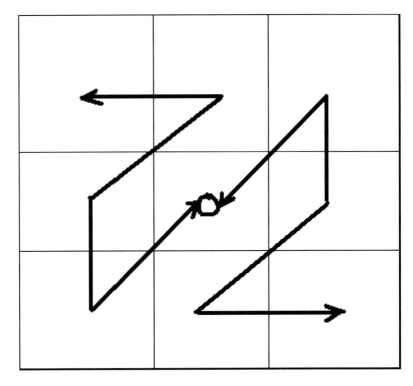

　　即第50章←→第52章←→第49章←→第47章←→第46章，方位顺序中
←→西南←→西←→北←→西北。

　　第50章←→第48章←→第49章←→第53章←→第54章，方位顺序中←→
东北←→东←→南←→东南。

熟悉记忆相邻模块同一方位对应章内容

1←→10←→19 ←→28←→37←→46	2←→11←→20 ←→29←→38←→47	3←→12←→21 ←→30←→39←→48
4←→13←→22 ←→31←→40←→49	5←→14←→23 ←→32←→41←→50	6←→15←→24 ←→33←→42←→51
7←→16←→25 ←→34←→43←→52	8←→17←→26 ←→35←→44←→53	9←→18←→27 ←→36←→45←→54

小结

通过以上训练，我们对第六模块的记忆，应该是这样的：先是通过对这九章的多次反复记忆，对这九章逐渐记忆清晰，通过中宫作为参照点，先是熟悉了中宫（第50章）与另外八章的相互位置关系，又熟悉了这九章相邻章之间关系。要想达到能够随机可以回答这九章内容，还不足，我们又通过以中宫（第50章）为参照点，按顺时针方向，联想记忆各章，再通过以中宫为参照点，以折线方式，训练记忆各章，为建立前五模块与本模块记忆链接，我们又增加了相应的训练。通过以上训练，我们就可以达到任意回答这九章内容的目的。

第七模块

关于《道德经》（第55—63章）的记忆

原文（部分注音）

第55章

含德之厚，比于赤子。毒虫不螫(shì)，猛兽不据，攫(jué)鸟不搏。骨弱筋柔而握固。未知牝牡(pìn mǔ)之合而朘(juān)作，精之至也。终日号而不嗄(shà)，和之至也。知和曰常，知常曰明。益生曰祥。心使气曰强。物壮则老，谓之不道，不道早已。

第56章

知者不言，言者不知。塞其兑，闭其门，挫其锐，解其分，和其光，同其尘，是谓玄同。故不可得而亲，不可得而疏；不可得而利，不可得而害；不可得而贵，不可得而贱。故为天下贵。

第57章

以正治国，以奇用兵，以无事取天下。吾何以知其然哉？以此。天下多忌讳，而民弥贫；人多利器，国家滋昏；人多伎巧，奇物滋起；法令滋彰，盗贼多有。故圣人云：我无为，而民自化；我好静，而民自正；我无事，而民自富；我无欲，而民自朴。

第58章

其政闷闷，其民淳淳；其政察察，其民缺缺。祸兮福之所倚，福兮祸之所伏。孰知其极？其无正也。正复为奇，善复为妖。人之迷，其日固久。是以圣人方而不割，廉而不刿，直而不肆，光而不耀。

第59章

治人事天，莫若啬。夫唯啬，是谓早服；早服谓之重积德；重积德则无不克；无不克则莫知其极；莫知其极，可以有国；有国之母，可以长久；是谓深根固柢，长生久视之道。

第60章

治大国，若烹小鲜。以道莅天下，其鬼不神；非其鬼不神，其神不伤人；非其神不伤人，圣人亦不伤人。夫两不相伤，故德交归焉。

第61章

大国者下流，天下之牝，天下之交也。牝常以静胜牡，以静为下。故大邦以下小国，则取小国；小国以下大国，则取大国。故或下以取，或下而取。大邦不过欲兼畜人，小国不过欲入事人。夫两者各得其所欲，大者宜为下。

第62章

道者万物之奥。善人之宝，不善人之所保。美言可以市尊，美行可以加人。人之不善，何弃之有？故立天子，置三公，虽有拱璧以先驷马，不如坐进此道。古之所以贵此道者何？不曰：求以得，有罪以免邪？故为天下贵。

第63章

为无为，事无事，味无味。大小多少，抱怨以德，图难于其易，为大于其细；天下难事，必作于易，天下大事，必作于细。是以圣人终不为大，故能成其大。夫轻诺必寡信，多易必多难。是以圣人犹难之，故终无难矣。

熟悉数字九宫格

55	56	57
58	59	60
61	62	63

熟悉数字与方位九宫格

西 ... 55 ... 北	北56 ... 北	57 ... 东
西58	中59	东60
61 ... 南	南62 ... 南	63 ... 东

将第七模块九章填入九宫格内

55. 含德之厚,比于赤子。毒虫不螫,猛兽不据,攫鸟不搏。骨弱筋柔而握固。未知牝牡之合而㖃作,精之至也。终日号而不嗄,和之至也。知和曰常,知常曰明。益生曰祥。心使气曰强。物壮则老,谓之不道,不道早已。	56. 知者不言,言者不知。塞其兑,闭其门,挫其锐,解其分,和其光,同其尘,是谓玄同。故不可得而亲,不可得而疏;不可得而利,不可得而害;不可得而贵,不可得而贱。故为天下贵。	57. 以正治国,以奇用兵,以无事取天下。吾何以知其然哉?以:天下多忌讳,而民弥贫;人多利器,国家滋昏;人多伎巧,奇物滋起;法令滋彰,盗贼多有。故圣人云:我无为,而民自化;我好静,而民自正;我无事,而民自富;我无欲,而民自朴。
58. 其政闷闷,其民淳淳;其政察察,其民缺缺。祸兮福之所倚,福兮祸之所伏。孰知其极?其无正也。正复为奇,善复为妖。人之迷,其日固久。是以圣人方而不割,廉而不刿,直而不肆,光而不耀。	59. 治人事天,莫若啬。夫为啬,是谓早服;早服谓之重积德;重积德则无不克;无不克则莫知其极;莫知其极,可以有国;有国之母,可以长久;是谓深根固柢,长生久视之道。	60. 治大国,若烹小鲜。以道莅天下,其鬼不神;非其鬼不神,其神不伤人;非其神不伤人,圣人亦不伤人。夫两不相伤,故德交归焉。
61. 大国者下流,天下之牝,天下之交也。牝常以静胜牡,以静为下。故大国以下小国,则取小国;小国以下大国,则取大国。故或下以取,或下而取。大国不过欲兼畜人,小国不过欲入事人。夫两者各得其所欲,大者宜为下。	62. 道者万物之奥。善人之宝,不善人之所保。美言可以市尊,美行可以加人。人之不善,何弃之有?故立天子,置三公,虽有拱璧以先驷马,不如坐进此道。古之所以贵此道者何?不曰:求以得,有罪以免邪?故为天下贵。	63. 为无为,事无事,味无味。大小多少,抱怨以德,图难于其易,为大于其细;天下难事,必作于易,天下大事,必作于细。是以圣人终不为大,故能成其大。夫轻诺必寡信,多易必多难。是以圣人犹难之,故终无难矣。

以中宫的位置为参照点，记忆各方位章内容

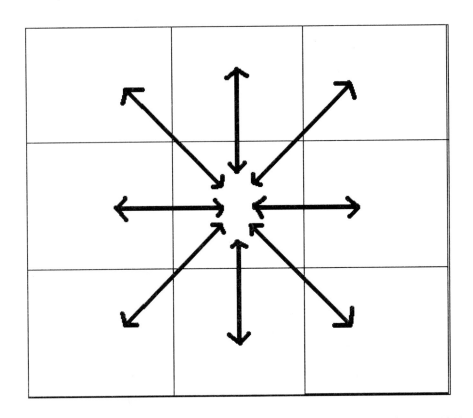

如，中宫数字59为第59章：治人事天，莫若啬。夫为啬，是谓早服；早服谓之重积德；重积德则无不克；无不克则莫知其极；莫知其极，可以有国；有国之母，可以长久；是谓深根固柢，长生久视之道。

其西北方向位数字55即第55章：含德之厚，比于赤子。毒虫不螫，猛兽不据，攫鸟不搏。骨弱筋柔而握固。未知牝牡之合而朘作，精之至也。终日号而不嗄，和之至也。知和曰常，知常曰明。益生曰祥。心使气曰强。物壮则老，谓之不道，不道早已。

此两者59-55，55-59，中宫-西北，西北-中宫，反复背诵记忆。

再如中宫数字59为第59章，如上，其南方为数字62，对应第62章：道者万物之奥。善人之宝，不善人之所保。美言可以市尊，美行可以加人。人之不善，何弃之有？故立天子，置三公，虽有拱璧以先驷马，不如坐进此道。古之所以贵此道者何？不曰：求以得，有罪以免邪？故为天下贵。

此两者59-62，62-59，中宫-南，南-中宫，反复背诵记忆。

熟悉记忆相邻章内容

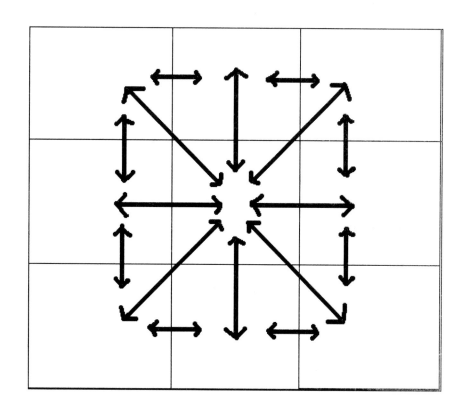

每章相邻章之间建立记忆链接。

如，东方数字60为第60章，其上位为东北方数字57为第57章，此两者60-57，57-60，东-东北，东北-东，反复背诵记忆。

其下位为东南方数字63为第63章，此两者，60-63，63-60，东-东南，东南–东，反复背诵记忆。

其左位为中宫数字59为第59章，此两者，60–59，59–60，东–中，中–东，反复背诵记忆。

从中宫出发按顺时针（逆时针），并逆向记忆各章内容

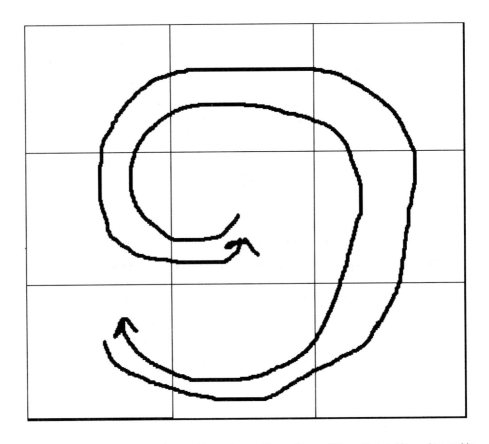

即第59章⟷第58章⟷第55章⟷第56章⟷第57章⟷第60章⟷第63章⟷第62章⟷第61章。

方位顺序走过中宫⟷西 ⟷ 西北⟷北⟷东北 ⟷ 东⟷ 东南⟷南⟷西南。

从中宫出发按图中所指折线方向记忆各章内容

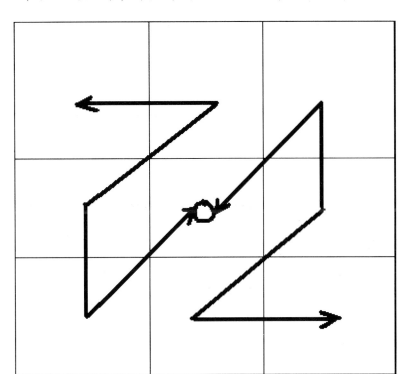

即第59章↔第61章↔第58章↔第56章↔第55章，方位顺序中↔西南↔西↔北↔西北。

第59章↔第57章↔第58章↔第62章↔第63章，方位顺序中↔东北↔东↔南↔东南。

熟悉记忆相邻模块同一方位对应章内容

1←→10←→19←→28 ←→37←→46←→55	2←→11←→20←→29 ←→38←→47←→56	3←→12←→21←→30 ←→39←→48←→57
4←→13←→22←→31 ←→40←→49←→58	5←→14←→23←→32 ←→41←→50←→59	6←→15←→24←→33 ←→42←→51←→60
7←→16←→25←→ 34←→43←→52←→61	8←→17←→26←→ 35←→44←→53←→62	9←→18←→27←→36 ←→45←→54←→63

小结

通过以上训练，我们对第七模块的记忆，应该是这样的：先是通过对这九章的多次反复记忆，对这九章逐渐记忆清晰，通过中宫作为参照点，先是熟悉了中宫（第59章）与另外八章的相互位置关系，又熟悉了这九章相邻章之间关系。要想达到能够随机可以回答这九章内容，还不足，我们又通过以中宫（第59章）为参照点，按顺时针方向，联想记忆各章，再通过以中宫为参照点，以折线方式，训练记忆各章，为建立前六模块与本模块记忆链接，我们又增加了相应的训练。通过以上训练，我们就可以达到任意回答这九章内容的目的。

第八模块

关于《道德经》（第64-72章）的记忆

原文（部分注音）

第64章

其安易持，其未兆易谋。其脆易泮，其微易散。为之于未有，治之于未乱。合抱之木，生于毫末；九层之台，起于累土；千里之行，始于足下。为者败之，执者失之，是以圣人无为，故无败，无执，故无失。民之从事，常于几成而败之。慎终如始，则无败事。是以圣人欲不欲，不贵难得之货。学不学，复众人之所过，以辅万物之自然而不敢为。

第65章

古之善为道者，非以明民，将以愚之。民之难治，以其智多。故以智治国，国之贼；不以智治国，国之福。知此两者亦稽式。常知稽式，是谓「玄德」。「玄德」深矣，远矣，与物反矣，然后乃至大顺。

第66章

江海之所以能为百谷王者，以其善下之，故能为百谷王。是以圣人欲上民，必以言下之；欲先民，必以身后之。是以圣人处上而民不重，处前而民不害。是以天下乐推而不厌。以其不争，故天下莫能与之争。

第67章

天下皆谓我道大，似不肖。夫唯大，故似不肖。若肖，久矣其细也夫！我有三宝，持而保之。一曰慈，二曰俭，三曰不敢为天下先。慈故能勇；俭故能广；不敢为天下先，故能成器长。今舍慈且勇；舍俭且广；舍后且先；死矣！夫慈，以战则胜，以守则固。天将救之，以慈卫之。

第68章

善为士者，不武；善战者，不怒；善胜敌者，不与；善用人者，为之下。是谓不争之德，是谓用人之力，是谓配天，古之极。

第69章

用兵有言：吾不敢为主，而为客；不敢进寸，而退尺。是谓行无行；攘无臂；扔无敌；执无兵。祸莫大于轻敌，轻敌几丧吾宝。故抗兵相若，哀者胜矣。

第70章

吾言甚易知，甚易行。天下莫能知，莫能行。言有宗，事有君。夫唯无知，是以不我知。知我者希，则我者贵。是以圣人被褐而怀玉。

第71章

知不知，尚矣，不知知，病也。圣人不病，以其病病，夫唯病病，是以不病。

第72章

民不畏威，则大威至。无狎其所居，无厌其所生。夫唯不厌，是以不厌。是以圣人自知不自见；自爱不自贵。故去彼取此。

熟悉数字九宫格

64	65	66
67	68	69
70	71	72

熟悉数字与方位九宫格

西 64 北	北65	东 66 北
西67	中68	东69
南 70 西	南71	南 72 东

将第八模块九章填入九宫格内

64. 其安易持，其未兆易谋。其脆易泮，其微易散。为之于未有，治之于未乱。合抱之木，生于毫末；九层之台，起于累土；千里之行，始于足下。为者败之，执者失之，是以圣人无为故无败，无执，故无失。民之从事，常于几成而败之。慎终如始，则无败事。是以圣人欲不欲，不贵难得之货。学不学，复众人之所过，以辅万物之自然而不敢为。	65. 古之善为道者，非以明民，将以愚之。民之难治，以其智多。故以智治国，国之贼；不以智治国，国之福。知此两者亦稽式。常知稽式，是谓玄德。玄德深矣，远矣，与物反矣，然后乃至大顺。	66. 江海之所以能为百谷王者，以其善下之，故能为百谷王。是以圣人欲上民，必以言下之；欲先民，必以身后之。是以圣人处上而民不重，处前而民不害。是以天下乐推而不厌。以其不争，故天下莫能与之争。
67. 天下皆谓我道大，似不肖。夫唯大，故似不肖。若肖，久矣其细也夫！我有三宝，持而保之。一曰慈，二曰俭，三曰不敢为天下先。慈故能勇；俭故能广；不敢为天下先，故能成器长。今舍慈且勇；舍俭且广；舍后且先；死矣！夫慈以战则胜，以守则固。天将救之，以慈卫之。	68. 善为士者，不武；善战者，不怒；善胜敌者，不与；善用人者，为之下。是谓不争之德，是谓用人之力，是谓配天，古之极。	69. 用兵有言：吾不敢为主，而为客；不敢进寸，而退尺。是谓行无行；攘无臂；扔无敌；执无兵。祸莫大于轻敌，轻敌几丧吾宝。故抗兵相若，哀者胜矣。
70. 吾言甚易知，甚易行。天下莫能知，莫能行。言有宗，事有君。夫唯无知，是以不我知。知我者希，则我者贵。是以圣人被褐而怀玉。	71. 知不知，尚矣；不知知，病也。圣人不病，以其病病，夫唯病病，是以不病。	72. 民不畏威，则大威至。无狎其所居，无厌其所生。夫唯不厌，是以不厌。是以圣人自知不自见；自爱不自贵。故去彼取此。

以中宫的位置为参照点，记忆各方位章内容

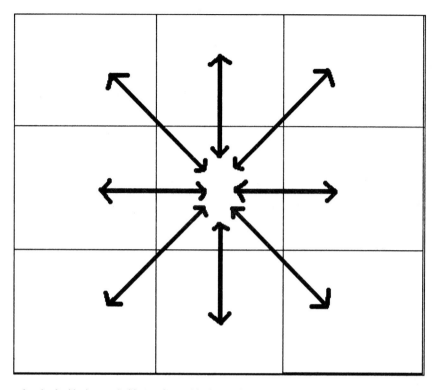

如中宫数字68为第68章：善为士者，不武；善战者，不怒；善胜敌者，不与；善用人者，为之下。是谓不争之德，是谓用人之力，是谓配天古之极。

其西北方位数字64即第64章：其安易持，其未兆易谋。其脆易泮，其微易散。为之于未有，治之于未乱。合抱之木，生于毫末；九层之台，起于累土；千里之行，始于足下。为者败之，执者失之，是以圣人无为，故无败，无执，故无失。民之从事，常于几成而败之。慎终如始，则无败事。是以圣人欲不欲，不贵难得之货。学不学，复众人之所过，以辅万物之自然而不敢为。

此两者68-64，64-68，中宫-西北，西北-中宫，反复背诵记忆。

再如中宫数字68为第68章，如上，其南方为数字71，对应第71

章：知不知，尚矣，不知知，病也，圣人不病，以其病病，其唯病病，是以不病。

此两者68-71，71-68，中宫-南，南-中宫，反复背诵记忆。

熟悉记忆相邻章内容

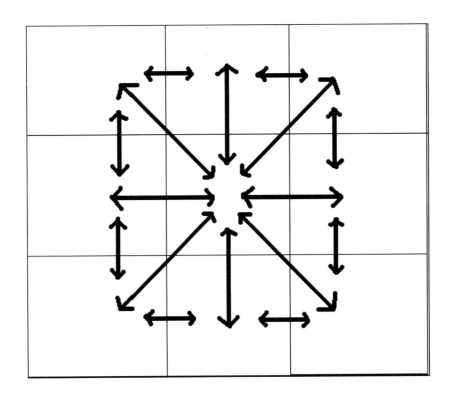

每章相邻章之间建立记忆链接。

如，东方数字69为第69章，其上位为东北方数字66为第66章，此两者69-66，66-69，东-东北，东北-东，反复背诵记忆。

其下位为东南方数字72为第72章，此两者，69-72，72-69，东-东南，东南-东，反复背诵记忆。

其左位为中宫数字68为第68章，此两者，69-68，68-69，东-中，中—东，反复背诵记忆。

从中宫出发按顺时针（逆时针），并逆向记忆各章内容

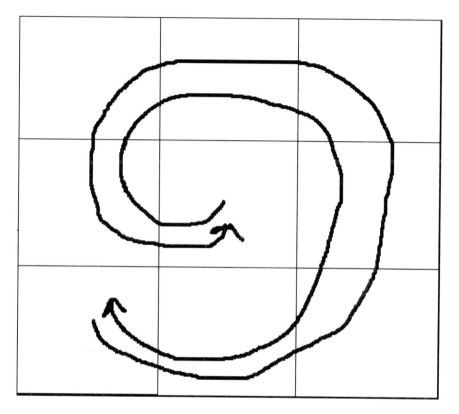

即第68章←→第67章←→第64章←→第65章←→第66章←→第69章←→第72章←→第71章←→第70章。

方位顺序走过中宫←→西 ←→ 西北←→北 ←→东北 ←→ 东←→ 东南←→南←→西南。

从中宫出发按图中所指折线方向记忆各章内容

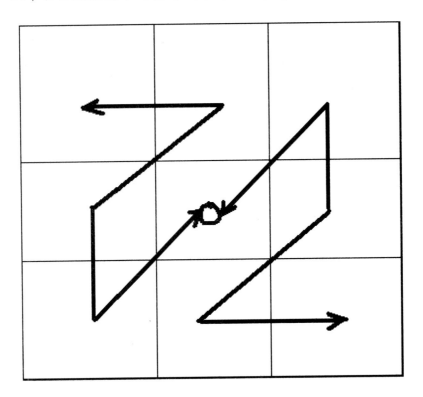

即第68章↔第70章↔第67章↔第65章↔第64章，方位顺序中↔西南↔西↔北↔西北。

第68章↔第66章↔第67章↔第71章↔第72章，方位顺序中↔东北↔东↔南↔东南。

熟悉记忆相邻模块同一方位对应章内容

1←→10←→19←→28 ←→37←→46←→55←→64	2←→11←→20←→29 ←→8←→47←→56←→65	3←→12←→21←→30 ←→39←→48←→57←→66
4←→13←→22←→31 ←→40←→49←→58←→67	5←→14←→23←→32 ←→41←→50←→59←→68	6←→15←→24←→33 ←→42←→51←→60←→69
7←→16←→25←→34 ←→43←→52←→61←→70	8←→17←→26←→35 ←→44←→53←→62←→71	9←→18←→27←→36 ←→45←→54←→63←→72

小结

通过以上训练，我们对第八模块的记忆，应该是这样的：先是通过对这九章的多次反复记忆，对这九章逐渐记忆清晰，通过中宫作为参照点，先是熟悉了中宫（第68章）与另外八章的相互位置关系，又熟悉了这九章相邻章之间关系。要想达到能够随机可以回答这九章内容，还不足，我们又通过以中宫（第68章）为参照点，按顺时针方向，联想记忆各章，再通过以中宫为参照点，以折线方式，训练记忆各章，为建立前七模块与本模块记忆链接，我们又增加了相应的训练。通过以上训练，我们就可以达到任意回答这九章内容的目的。

第九模块

关于《道德经》（第73-81章）的记忆

原文（部分注音）

第73章

勇于敢则杀，勇于不敢则活。此两者，或利或害。天之所恶，孰知其故？是以圣人犹难之。天之道，不争而善胜，不言而善应，不召而自来，繟然而善谋。天网恢恢，疏而不失。

第74章

民不畏死，奈何以死惧之！若使民常畏死，而为奇者，吾得执而杀之，孰敢？常有司杀者杀。夫代司杀者杀，是谓代大匠斫，夫代大匠斫者，稀有不伤其手矣。

第75章

民之饥，以其上食税之多，是以饥。民之难治，以其上之有为，是以难治。民之轻死，以其上求生之厚，是以轻死。夫唯无以生为者，是贤于贵生。

第76章

人之生也柔弱，其死也坚强。草木之生也柔脆，其死也枯槁。故坚强者死之徒，柔弱者生之徒。兵强则灭，木强则折。强大处下，柔弱处上。

第77章

天之道，其犹张弓欤（yú）？高者抑之，下者举之；有余者损之，不足者补之。天之道，损有余而补不足。人之道，则不然，损不足以奉有余。孰能有余以奉天下，唯有道者。是以圣人为而不恃（shì），功成而不处，其不欲见贤。

第78章

天下莫柔弱于水，而攻坚强者莫之能胜，其无以易之。弱之胜强，柔之胜刚，天下莫不知，莫能行。是以圣人云，受国之垢（gòu），是谓社稷（jì）主；受国不祥，是为天下王。正言若反。

第79章

可大怨（yuàn），必有余怨，报怨与德，安可以为善？是以圣人执左契（qì），而不责于人。有德司契（qì），无德司彻。天道无亲，常与善人。

第80章

小国寡民。使有什伯之器而不用；使民重死而不远徙。虽有舟舆，无所乘之，虽有甲兵，无所陈之。使人复结绳而用之。甘其食，美其服，安其居，乐其俗。邻国相望，鸡犬之声相闻，民至老死，不相往来。

第81章

信言不美，美言不信。善者不辩，辩者不善。知者不博，博者不知。圣人不积，既以为人己愈有，既以与人己愈多。天之道，利而不害；圣人之道，为而不争。

熟悉数字九宫格

	74	75
73		
76	77	78
79	80	81

熟悉数字与方位九宫格

西 73 北	北74	75 东 北
西76	中77	东78
南 79 西	南80	南 81 东

将第九模块九章填入九宫格内

73. 勇于敢则杀，勇于不敢则活。此两者，或利或害。天之所恶，孰知其故？是以圣人犹难之。天之道，不争而善胜，不言而善应，不召而自来，繟然而善谋。天网恢恢，疏而不失。	74. 民不畏死，奈何以死惧之！若使民常畏死，而为奇者，吾得执而杀之，孰敢？常有司杀者杀。夫代司杀者杀，是谓代大匠斫，夫代大匠斫者，稀有不伤其手矣。	75. 民之饥，以其上食税之多，是以饥。民之难治，以其上之有为，是以难治。民之轻死，以其上求生之厚，是以轻死。夫唯无以生为者，是贤于贵生。
76. 人之生也柔弱，其死也坚强。草木之生也柔脆，其死也枯槁。故坚强者死之徒，柔弱者生之徒。是以兵强则灭，木强则折。强大处下，柔弱处上。	77. 天之道，其犹张弓与！高者抑之，下者举之；有余者损之，不足者补之。天之道，损有余而补不足。人之道，则不然，损不足以奉有余。孰能有余以奉天下，唯有道者。是以圣人为而不恃，功成而不处，其不欲见贤。	78. 天下莫柔弱于水，而攻坚强者莫之能胜，其无以易之。弱之胜强，柔之胜刚，天下莫不知，莫能行。是以圣人云，受国之垢，是谓社稷主；受国不祥，是为天下王。正言若反。
79. 可大怨，必有余怨，报怨与德，安可以为善？是以圣人执左契，而不责于人。有德司契，无德司彻。天道无亲，常与善人。	80. 小国寡民。使有什伯之器而不用；使民重死而不远徙。虽有舟舆，无所乘之，虽有甲兵，无所陈之。使人复结绳而用之。甘其食，美其服，安其居，乐其俗。邻国相望，鸡犬之声相闻，民至老死，不相往来。	81. 信言不美，美言不信。善者不辩，辩者不善。知者不博，博者不知。圣人不积，既以为人己愈有，既以与人己愈多。天之道，利而不害；圣人之道，为而不争。

以中宫的位置为参照点，记忆各方位章内容

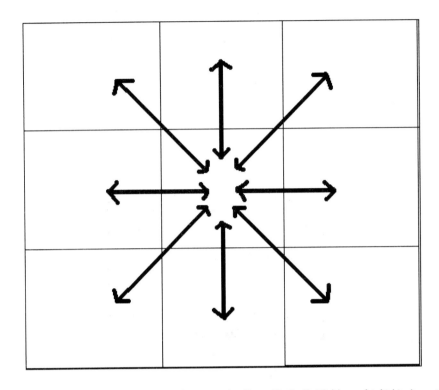

如，中宫数字77为第77章：天之道，其犹张弓欤！高者抑之，下者举之；有余者损之，不足者补之。天之道，损有余而补不足。人之道，则不然，损不足以奉有余。孰能有余以奉天下，唯有道者。是以圣人为而不恃，功成而不处，其不欲见贤。

其西北方向位数字73即第73章：勇于敢则杀，勇于不敢则活。此两者，或利或害。天之所恶，孰知其故？是以圣人犹难之。天之道，不争而善胜，不言而善应，不召而自来，繟然而善谋。天网恢恢，疏而不失。

此两者77-73，73-77，中宫-西北，西北-中宫，反复背诵记忆。

再如中宫数字77为第77章，如上，其南方为数字80，对应第80章：小国寡民。使有什伯之器而不用；使民重死而不远徙。虽有舟舆，无所乘之，虽有甲兵，无所陈之。使人复结绳而用之。甘其食，美其服，安其居，乐其俗。邻国相望，鸡犬之声相闻，民至老死，不相往来。

此两者77-80，80-77，中宫-南，南-中宫，反复背诵记忆。

熟悉记忆相邻章内容

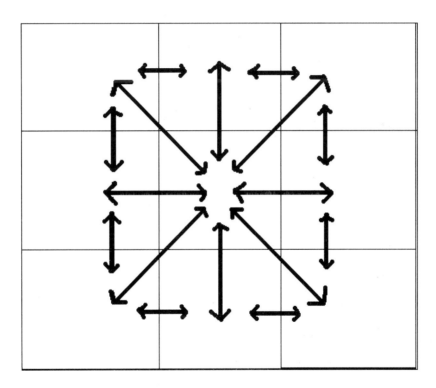

每章相邻章之间建立记忆链接。

如，东方数字78为第78章，其上位为东北方数字75为第75章，此两者78-75，75-78，东-东北，东北-东，反复背诵记忆。

其下位为东南方数字81为第81章，此两者，78-81，81-78，东-东南，东南-东，反复背诵记忆。

其左位为中宫数字77为第77章，此两者78-77，77-78，东-中，中-东，反复背诵记忆。

从中宫出发按顺时针（逆时针），并逆向记忆各章内容

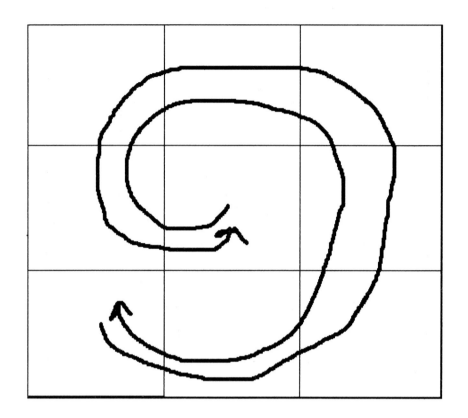

即第77章↔第76章↔第73章↔第74章↔第75章↔第78章↔第81章↔第80章↔第79章。

方位顺序走过中宫↔西 ↔ 西北↔北 ↔东北 ↔ 东↔ 东南↔南↔西南。

从中宫出发按图中所指折线方向记忆各章内容

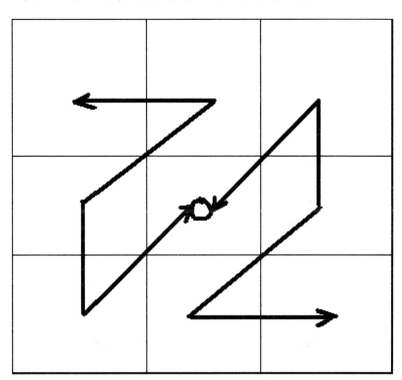

即第77章⟷第79章⟷第76章⟷第74章⟷第73章，方位顺序中⟷西南⟷西⟷北⟷西北。

第77章⟷第75章⟷第76章⟷第80章⟷第81章，方位顺序中⟷东北⟷东⟷南⟷东南。

熟悉记忆相邻模块同一方位对应章内容

1←→10←→19 ←→28←→37←→46 ←→55←→64←→73	2←→11←→20 ←→29←→38←→47 ←→56←→65←→74	3←→12←→21 ←→30←→39←→48 ←→57←→66←→75
4←→13←→22 ←→31←→40←→49 ←→58←→67←→76	5←→14←→23 ←→32←→41←→50 ←→59←→68←→77	6←→15←→24 ←→33←→42←→51 ←→60←→69←→78
7←→16←→25 ←→34←→43←→52 ←→61←→70←→79	8←→17←→26 ←→35←→44←→53 ←→62←→71←→80	9←→18←→27 ←→36←→45←→54 ←→63←→72←→81

小结

通过以上训练，我们对第九模块的记忆，应该是这样的：先是通过对这九章的多次反复记忆，对这九章逐渐记忆清晰，通过中宫作为参照点，先是熟悉了中宫（第77章）与另外八章的相互位置关系，又熟悉了这九章相邻章之间关系。要想达到能够随机可以回答这九章内容，还不足，我们又通过以中宫（第77章）为参照点，按顺时针方向，联想记忆各章，再通过以中宫为参照点，以折线方式，训练记忆各章，为建立前八模块与本模块记忆链接，我们又增加了相应的训练。通过以上训练，我们就可以达到任意回答这九章内容的目的。

模块集成

关于道德经九个模块的整体记忆方法

一、关于九个模块的命名

《道德经》共八十一章可分九模块，每个模块以每个模块的中宫章命名。由中宫章出发，向四面八方扩展记忆，以模块为纲，以章为目，以此形成《道德经》全文的记忆网络。

第一模块以第5章为名：天地不仁，以万物为刍狗

第二模块以第14章为名：视之不见，名曰夷

第三模块以第23章为名：希言自然

第四模块以第32章为名：道常无名

第五模块以第41章为名：上士闻道，勤而行之

第六模块以第50章为名：出生入死

第七模块以第59章为名：治人事天莫若啬

第八模块以第68章为名：善为士者不武

第九模块以第77章为名：天之道，其犹张弓与

利用工具一：数字九宫格

一	二	三
四	五	六
七	八	九

利用工具二：方位九宫格

西　（一）　　北	北（二）	（三）　　东　　北
西（四）	中（五）	东（六）
南（七）西	南（八）	南　（九）　　东

将九宫方位与数字结合，并熟悉方位与数字的位置

将九个模块填入九宫格内

第一模块5。天地不仁,以万物为刍狗;圣人不仁,以百姓为刍狗。天地之间,其犹橐龠乎?虚而不屈,动而愈出。多言数穷,不如守中。	第二模块14。视之不见,名曰夷;听之不闻,名曰希;搏之不得,名曰微。此三者不可致诘,故混而为一。其上不皦,其下不昧。绳绳不可名,复归于无物。是谓无状之状,无物之象,是谓惚恍。迎之不见其首,随之不见其后。执古之道,以御今之有。能知古始,是谓道纪。	第三模块23。希言自然。故飘风不终朝,骤雨不终日。孰为此者?天地。天地尚不能久,而况于人乎?故从事于道者,同于道;德者,同于德,失者,同于失。同于道者,道亦乐得之;同于德者,德亦乐得之;同于失者,失亦乐得之。信不足焉,有不信焉。
第四模块32。道常无名,朴,虽小,天下莫能臣也。侯王若能守之,万物将自宾。天地相合,以降甘露,民莫之令而自均。始制有名,名亦既有,夫亦将知止,知止可以不殆。譬道之在天下,犹川谷之于江海。	第五模块41。上士闻道,勤而行之;中士闻道,若存若亡;下士闻道,大笑之。不笑不足以为道。故建言有之:明道若昧;进道若退;夷道若纇;上德若谷;大白若辱;广德若不足;建德若偷;质真若渝;大方无隅;大器晚成;大音希声;大象无形;道隐无名。夫唯道,善贷且成。	第六模块50。出生入死。生之徒,十有三;死之徒,十有三;人之生,动之于死地,亦十有三。夫何故?以其生生之厚。盖闻善摄生者,陆行不遇兕虎,入军不被甲兵;兕无所投其角,虎无所措其爪,兵无所容其刃。夫何故?以其无死地。
第七模块59。治人事天,莫若啬。夫唯啬,是谓早服;早服谓之重积德;重积德则无不克;无不克则莫知其极;莫知其极,可以有国;有国之母,可以长久;是谓深根固柢,长生久视之道。	第八模块68。善为士者,不武;善战者,不怒;善胜敌者,不与;善用人者,为之下。是谓不争之德,是谓用人之力,是谓配天,古之极。	第九模块77。天之道,其犹张弓欤?高者抑之,下者举之;有余者损之,不足者补之。天之道,损有余而补不足。人之道,则不然,损不足以奉有余。孰能有余以奉天下,唯有道者。是以圣人为而不恃,功成而不处,其不欲见贤。

以中宫的位置为参照点，记忆各部内容

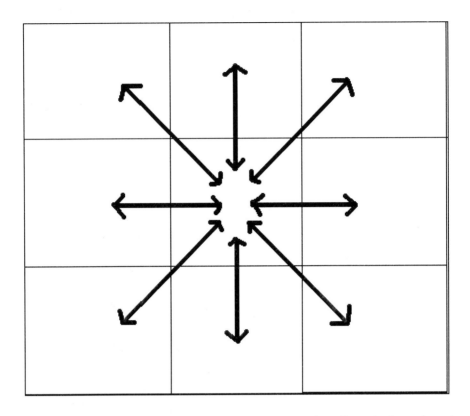

如，中宫数字五为第五模块41：上士闻道，勤而行之；中士闻道，若存若亡；下士闻道，大笑之。不笑不足以为道。故建言有之：明道若昧；进道若退；夷道若纇；上德若谷；大白若辱；广德若不足；建德若偷；质真若渝；大方无隅；大器晚成；大音希声；大象无形；道隐无名。夫唯道，善贷且成。

其西北方向位数字即第一模块5：天地不仁，以万物为刍狗；圣人不仁，以百姓为刍狗。天地之间，其犹橐龠乎？虚而不屈，动而愈出。多言数穷，不如守中。

此两者1-5，5-1，中宫-西北，西北-中宫，反复背诵记忆。

再如中宫数字五为第五模块，如上，其南方为数字八，对应第八模块68：善为士者，不武；善战者，不怒；善胜敌者，不与；善用人者，为之下。是谓不争之德，是谓用人之力，是谓配天，古之极。

此两者5-8，8-5，中宫-南，南-中宫，反复背诵记忆。

熟悉记忆相邻模块内容

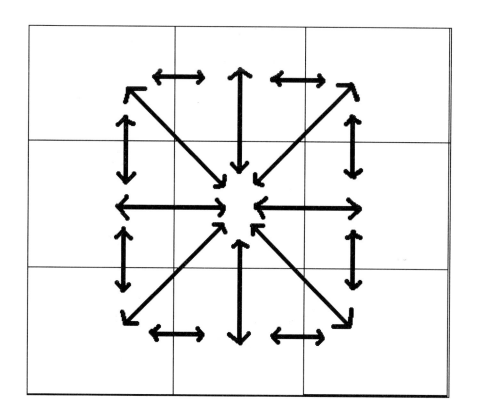

每部相邻模块之间建立记忆链接。如，东方数字六为第六模块，其上位为东北方数字三为第三模块。

此两者，6-3，3-6，东-东北，东北-东，反复背诵记忆。其下位为东南方数字九为第九模块。

此两者，6-9，9-6，东-东南，东南-东，反复背诵记忆。其左位为中宫数字五为第五模块，此两者，6-5，5-6，东-中，中-东，反复背诵记忆。

从中宫出发按顺时针（逆时针），并逆向记忆各模块内容

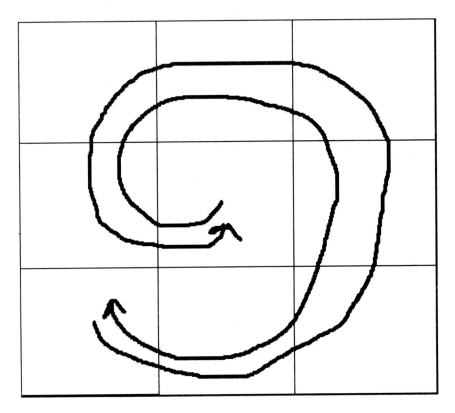

即第五模块↔第四模块↔第一模块↔第二模块↔第三模块↔第六模块↔第九模块↔第八模块↔第七模块。

方位顺序走过中宫↔西↔西北↔北↔东北↔ 东↔ 东南↔南↔西南。

从中宫出发按图中所指折线方向记忆各模块内容

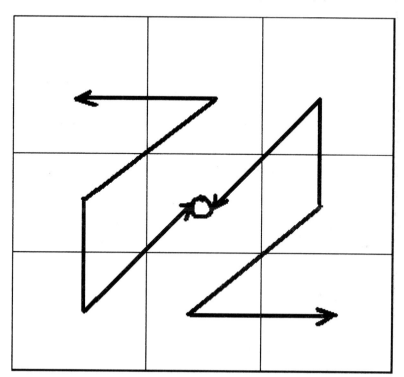

即第五模块←→第七模块←→第四模块←→第二模块←→第一模块，方位顺序中←→西南←→西←→北←→西北。

第五模块←→第三模块←→第六模块←→第八模块←→第九模块，方位顺序中←→东北←→东←→南←→东南。

总结

通过以上训练，我们对道德经全文的记忆，应该是这样的：先是通过对这九模块的多次反复记忆，对这九模块逐渐记忆清晰，通过中宫作为参照点，先是熟悉了中宫（第五模块）与另外八模块的相互位置关系，又熟悉了这九模块相邻模块之间关系。要想达到能够随机可以回答这九模块内容，还不足，我们又通过以中宫（第5模块）为参照点，按顺时针方向，联想记忆各模块，再通过以中宫为参照点，以折线方式，训练记忆各模块，通过以上训练，我们就可以达到任意回答这九模块内容的目的。

附　录

关于圆周率小数点后81位数字的记忆

第一模块

西 1（1） 　　　　北	4北（2）	东 1（3） 北
5西（4）	9中（5）	2东（6）
南 6（7） 西	5南（8）	南 3（9） 　　　　东

将九宫方位与数字结合，并熟悉方位与数字的位置

第二模块熟悉数字与方位九宫格

西		东
5（10） 　　　　　北	8北（11）	9（12） 北
7西（13）	9中（14）	3东（15）
南 2（16） 西	3南（17）	南 8（18） 东

第三模块　熟悉数字与方位九宫格

西		东
4（19） 　　　　　北	6北（20）	2（21） 北
6西（22）	4中（23）	3东（24）
南 3（25） 西	8南（26）	南 3（27） 东

第四模块　熟悉数字与方位九宫格

西		东
2（28）	7北（29）	9（30）
北		北
5西（31）	中（32）	2东（33）
南		南
3（34）	8南（35）	4（36）
西		东

第五模块　熟悉数字与方位九宫格

西		东
1（37）	9北（38）	7（39）
北		北
1西（40）	6中（41）	9东（42）
南		南
3（43）	9南（44）	9（45）
西		东

第六模块　熟悉数字与方位九宫格

西		东
3（46）　　　　　　　　　　　　　　　　北	7北（47）	5（48）　　　　　　　　　　　北
1西（49）	0中（50）	5东（51）
南　　　　　　　8（52）　　　　　　　　　　　　　　　西	南　　　　　　　　　　　　　　　　2南（53）	南　　　　　　　　　　　　　　　0（54）　　　　　　　　　　　东

第七模块　熟悉数字与方位九宫格

西		东
9（55）　　　　　　　　　　　　　　　北	7北（56）	4（57）　　　　　　　　　　　北
9西（58）	4中（59）	4东（60）
南　　　　　　　5（61）　　　　　　　　　　　　　　　西	南　　　　　　　　　　　　　　　　9南（62）	南　　　　　　　　　　　　　　　2（63）　　　　　　　　　　　东

第八模块　熟悉数字与方位九宫格

西		东
3（64）　　　　　　　北	0北（65）　　　　　　北	7（66）
8西（67）	1中（68）	6东（69）
南　　西	0南（71）	南　　　　　　　　　　东
4（70）		6（72）

第九模块　熟悉数字与方位九宫格

西		东
2（73）　　　　　　　北	8北（74）　　　　　　北	6（75）
2西（76）	0中（77）	8东（78）
南　　西	9南（80）	南　　　　　　　　　　东
9（79）		8（81）

以上几个模块的记忆可仿照道德经的模式进行训练。

示 例

1. 请问《道德经》第67章的内容是什么？

大脑中出现的第一个图像是

西	北	东
北		北
西	中68	东
南	南	南
西	南	东

大脑中出现的第二个图像是

西	北	东
北		北
西67	中68	东
南	南	南
西		东

大脑中出现的第三个图像是

67. 天下皆谓我道大，似不肖。夫唯大，故似不肖。若肖，久矣其细也夫！我有三宝，持而保之。一曰慈，二曰俭，三曰不敢为天下先。慈故能勇；俭故能广；不敢为天下先，故能成器长。今舍慈且勇；舍俭且广；舍后且先；死矣！夫慈以战则胜，以守则固。天将救之，以慈卫之。	中 68	

2. 请问圆周率小数点后第35位数字是几？

大脑中出现的第一个图像是

西		东
北	北	北
西	中（32）	东
南	南	南
西		东

大脑中出现的第二个图像是

西		东
北	北	北
西	0中（32）	东
南	南	南
西	南（35）	东

大脑中出现的第三个图像是

西 北	北	东 北
西	0中（32）	东
南 西	8南（35）	南 东

附：圆周率小数点后81位数字

即

3.1415926535　8979323846

2643383279　5028841971

6939937510　5820974944

5923078164　0628620899　　8